MW01172234

Fundo / finca / rancho

Propietario

Ubicación

Corral / vaquera / tambo

Año

Manual de instrucciones para el uso de Intar Administrativo Carne

Intar Administrativo Carne, es un libro diseñado para el registro de información de las ventas y compras de semovientes o animales, que representa la producción de carne de su empresa ganadera o su negocio de compra-venta de ganado.

Ofrece cuadros y planillas de registro diario, mensual y anual con resúmenes que le permite obtener indicadores, datos técnicos y económicos sencillos de fácil manejo y uso, pero de considerable importancia.

A través de esta herramienta de trabajo, Ud. Podrá mejorar la organización y optimización de su negocio ganadero a través del imprescindible manejo del registro de datos, el análisis de los resultados y así generar una mejora continua.

A continuación le presentamos las instrucciones para el manejo y registro de la información del libro.

Hoja de registro de datos de identificación

En esta hoja registre sus datos y personalice su libro. Registre el nombre de su empresa ganadera, fundo, finca o rancho, Ubicación, Nombre del propietario y en caso de ser necesario Ud. podrá usar un libro para cada corral, vaquera o tambo; por lo tanto registre el nombre o identificación de sus instalaciones. Adicionalmente registre el año en curso en la cual usara el libro a la cual corresponden los datos de los eventos.

Planilla de ventas y compras de animales.

La planilla de "Ventas y Compras de Animales", ha sido diseñada para el registro de ventas y compras de animales según su requerimiento de manejo de la información. En este instrumento de registro Ud. podrá registrar ventas de animales con identificación individual y en lotes o grupos etarios que no posean una identificación individual.

A continuación realizaremos una descripción de cada cuadro en el uso de este instrumento.

Fecha de la Venta/Compra, escriba la fecha en la cual realizo la venta o compra de los animales.

Luego haga una marca en el recuadro para indicar que los datos a continuación son por una venta o por una compra de animales, ya que puede utilizar la hoja para ambos eventos.

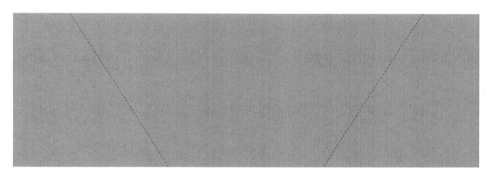

Identificación Animales Vendidos/Comprados: Escriba la identificación de los animales vendidos o comprados. En este caso registre el número o identificación individual del animal (arete, hierro, microchips, etc) comprado o vendido, según el evento que desee registrar.

Identificación Lote: Registre la identificación o nombre del lote al cual pertenece el animal o animales Ejemplo: Vaquillas, Vacas de ordeño, Terneros, Bufalas, Bubillos, etc.

Nro. Animales Vendidos/Comprados: En el cuadro siguiente de la derecha registre el número o cantidad de animales vendidos o comprados. Es un dato cuantitativo.

Kg/Lb de Carne: En Kg/Lb de Carne, registre el total del peso que obtuvo del animal o animales que Ud. ha vendido o comprado.

Nombre Comprador/Vendedor: Luego escriba el nombre del Comprador o vendedor de los animales

Precio ($) por Kg/Lb: Registre el precio por Kg o Lb de carne que Ud. está vendiendo o comprando.

Tipo de Venta/Compra: En tipo de venta o Compra, registre la modalidad de venta o compra según su país. Por ejemplo: En pie, en canal, etc.

En Nro. Documento Venta/Compra: registre la información que identifique la factura, recibo o cualquier documento emitido por la operación de venta o compra según su país.

Concepto Deducción: En caso de ser necesario descontar alguna deducción por la venta/compra, registre el concepto de tal deducción (flete o transporte, deuda pendiente, costos por documentación, permisos de movilización o guías, etc.)

Monto por Deducción ($): Registre la cantidad $ en su moneda local del monto total de la deducción en caso de ser necesario.

Monto Total ($): Para obtener el monto total de la operación, multiplique los Kg o Lbs. totales de la operación, lo multiplica por el precio, y en caso de existir deducciones lo resta y registra el total en moneda de lo vendido o comprado.

Comentarios: En este espacio escriba cualquier comentario o notas adicionales de utilidad que le permita un mejor manejo del registro o ampliar la información de la operación.

Resumen mensual de ventas de animales
En esta sección del libro, se presentan diversas planillas para el registro de resumen mensual de ventas de animales.

Le ofrecemos dos tipos de planillas: Resumen mensual de venta Individual de Animales y Resumen Mensual de Venta de animales por Lotes.

Resumen mensual de venta Individual de Animales
La planilla de Resumen Mensual de Venta Individual de Animales, presenta 11 columnas para registrar un resumen de los eventos de Ventas con la identificación de cada animal individualmente, realizadas durante el mes. Representa una herramienta para transcribir la información durante cada día del mes, pero con la posibilidad de observar los eventos de comparar de forma global para obtener datos conclusivos.

Resumen mensual de venta indivual de animales

Fecha de venta	N° animales vendidos	ID Lote	Kg/Lb de carne	Comprador	Precio $ Kg/Lb	Tipo de venta	N° Documento	Concepto deducción $	Total deducción $	Total General
TOTALES										

Fecha de Venta: Registe la fecha de la venta.

Nro Animales Vendidos: Se refiere a la cantidad de animales vendidos del lote.

Id Lote: Escriba la identificación del lote al que pertenece el animal vendido.

Kg/Lb de Carne: Se refiere al peso del animal vendido en cualquiera de su modalidad de venta.

Nombre Comprador: registre el nombre del comprador de sus animales.

Precio $ Kg/Lb: Se refiere al precio unitario de venta.

Tipo de Venta: Se refiere a la modalidad de venta.

Nro. Documento: registre la información que identifique el documento emitido por la venta (factura, recibo, certificado, etc.)

Concepto Deducción $: en caso de ser necesario, registre el concepto de la deducción (flete, deuda pendiente, costos de documentación, etc.)

Total Deducción $: Se refiere a la cantidad en moneda de la deducción, en caso de ser requerido.

Total General: En esta columna totalice los valores de la operación. La cantidad de Kg o Lbs, multiplicado por el precio por unidad, menos las deducciones, le permite obtener el total General de la operación de venta.

Totales: en la columna inicial se muestra una línea que le permite totalizar 3 datos: Kgr/lbs de Carne, Total Deducción $ y Total General. Para obtener estos totales, realice una sumatoria de todos los datos de las columnas y totalice al final del cuadro.

Resumen Mensual de Venta de animales por Lotes.

La planilla de Resumen Mensual de Venta Individual de Animales, presenta 10 columnas para registrar un resumen de los eventos de Ventas por lotes de animales sin especificar la identificación de cada animal, sino la identificación del lote de venta, realizadas durante el mes. Representa una herramienta para transcribir la información durante cada día del mes, pero con la posibilidad de observar los eventos de comparar de forma global para obtener datos conclusivos.

Fecha de venta	N° animales vendidos	ID Lote	Kg/Lb de carne	Comprador	Precio $ Kg/Lb	Tipo de venta	N° Documento	Concepto deducción $	Total deducción $	Total General
TOTALES										

Fecha de Venta: Registe la fecha de la venta.

Nro Animales Vendidos: Se refiere a la cantidad de animales vendidos del lote.

Id Lote: Escriba la identificación del lote al que pertenecen los animales vendidos.

Kg/Lb de Carne: Se refiere al peso total de los animales vendidos

Nombre Comprador: registre el nombre del comprador de sus animales

Precio $ Kg/Lb: Se refiere al precio unitario de venta

Tipo de Venta: Se refiere a la modalidad de venta

Nro. Documento: registre la información que identifique el documento emitido por la venta (factura, recibo, certificado, etc.)

Concepto Deducción $: en caso de ser necesario, registre el concepto de la deducción (flete, deuda pendiente, costos de documentación, etc.)

Total Deducción $: Se refiere a la cantidad en moneda de la deducción, en caso de ser requerido

Total General: En esta columna totalice los valores de la operación. La cantidad de Kg o Lbs, multiplicado por el precio por unidad, menos las deducciones, le permite obtener el total General de la operación de venta.

Totales: en la columna inicial se muestra una línea que le permite totalizar 3 datos: Kgr/lbs de Carne, Total Deducción $ y Total General. Para obtener estos totales, realice una sumatoria de todos los datos de las columnas y totalice al final del cuadro.

Resumen mensual de compras de animales
En esta sección del libro, se presentan diversas planillas para el registro de resumen mensual de compras de animales.

Le ofrecemos dos tipos de planillas: Resumen mensual de compra Individual de Animales y Resumen Mensual de compra de animales por Lotes.

Resumen mensual de compra Individual de Animales
La planilla de Resumen Mensual de Compra Individual de Animales, presenta 10 columnas para registrar un resumen de los eventos de compras con la identificación de cada animal individualmente, realizadas durante el mes. Representa una herramienta para transcribir la información durante cada día del mes, pero con la posibilidad de observar los eventos de comparar de forma global para obtener datos conclusivos.

Fecha de compra	N° animales comprados	ID Lote	Kg/Lb de carne	Vendedor	Precio $ Kg/Lb	Tipo de compra	N° Documento	Concepto deducción $	Total deducción $	Total General

TOTALES

Fecha de Compra: Registe la fecha de la compra.

Id Lote: Escriba la identificación del lote al que pertenece el animal comprado.

Kg/Lb de Carne: Se refiere al peso del animal comprado en cualquiera de su modalidad de venta.

Nombre Vendedor: registre el nombre del vendedor de los animales.

Precio $ Kg/Lb: Se refiere al precio unitario de compra.

Tipo de Compra: Se refiere a la modalidad de compra según su país o región.

Nro. Documento: registre la información que identifique el documento emitido por la compra (factura, recibo, certificado, etc.)

Concepto Deducción $: en caso de ser necesario, registre el concepto de la deducción (flete, deuda pendiente, costos de documentación, etc.)

Total Deducción $: Se refiere a la cantidad en moneda de la deducción, en caso de ser requerido.

Total General: En esta columna totalice los valores de la operación. La cantidad de Kg o Lbs, multiplicado por el precio por unidad, menos las deducciones, le permite obtener el total General de la operación de compra.
Totales: en la columna inicial se muestra una línea que le permite totalizar 3 datos: Kgr/lbs de Carne, Total Deducción $ y Total General. Para obtener estos totales, realice una sumatoria de todos los datos de las columnas y totalice al final del cuadro.

Resumen Mensual de compra de animales por Lotes.

Fecha de compra	N° animales comprados	ID Lote	Kg/Lb de carne	Vendedor	Precio $ Kg/Lb	Tipo de compra	N° Documento	Concepto deducción $	Total deducción $	Total General
TOTALES										

Fecha de Compra: Registe la fecha de la compra.

Nro. Animales Comprados: Se refiere a la cantidad de animales comprados por lotes, sin especificar la identificación individual de los animales.

Id Lote: Escriba la identificación del lote al que pertenecen los animales comprados.

Kg/Lb de Carne: Se refiere al peso total de los animales comprados.

Nombre Vendedor: registre el nombre del vendedor de los animales.

Precio $ Kg/Lb: Se refiere al precio unitario de compra.

Tipo de Compra: Se refiere a la modalidad de compra según su país o región.

Nro. Documento: registre la información que identifique el documento emitido por la compra (factura, recibo, certificado, etc.)

Concepto Deducción $: en caso de ser necesario, registre el concepto de la deducción (flete, deuda pendiente, costos de documentación, etc.)

Total Deducción $: Se refiere a la cantidad en moneda de la deducción, en caso de ser requerido.

Total General: En esta columna totalice los valores de la operación. La cantidad de Kg o Lbs, multiplicado por el precio por unidad, menos las deducciones, le permite obtener el total General de la operación de venta.
Totales: en la columna inicial se muestra una línea que le permite totalizar 3 datos: Kgr/lbs de Carne, Total Deducción $ y Total General. Para obtener estos totales, realice una sumatoria de todos los datos de las columnas y totalice al final del cuadro.

Registros de pesos de animales
En esta sección ofrecemos unas planillas para el registro mensual del peso de sus animales, tanto de forma individual como en Lotes, a través de la "Planilla para el pesaje mensual de animales Individuales" y la "Planilla para el Pesaje mensual de animales por Lotes". Este registro le permitirá obtener diversos datos tales como la ganancia de peso diario y la comparación del crecimiento entre animales y entre lotes.

Pesaje	Fecha	ID Lote	Categoría	Número de Animales	Peso Kg/Lb	Promedio Peso Kg/Lb	Ganancia Peso Kg/Lb/día
1							
2							
3							
4							
5							
6							
7							
8							
9							
10							
11							
12							
13							
14							
15							
16							
17							
18							
19							
20							
				TOTALES			
				PROMEDIO			

Pesaje: Se refiere al número de pesajes realizados, con la finalidad de mantener la cantidad de animales que se han pesado.

Fecha: Registre la fecha de realización de pesaje del animal.

Id Animal: se refiere a la identificación del animal que se ha pesado.
Categoría: registre la categoría o grupo etario al cual pertenece el animal.

Id Lote: se refiere a la Identificación del lote al cual pertenece el animal que está pesando.

Peso Kgr/Lb: registre el peso en kilogramos o libras del animal.

Ganancia Peso kgr/Lb/día: Se refiere a la Ganancia de Peso diaria que el animal ha obtenido entre el anterior pesaje y el pesaje actual. Es un dato comparativo. Para obtenerlo localice el pesaje anterior del animal y realice una sustracción o resta con el dato del ultimo pesaje, y lo divide entre el número de días transcurridos entre ambos pesajes.

Ganancia de Peso/dia = Peso anterior- Peso Actual/ nro. de días transcurridos entre ambos pesajes.

TOTALES / promedio: Al final de la planilla se presentan unas celdas para registrar los totales de los datos "Peso gr/Lbs" y "Ganancia de Peso Kgr/Lb/dia" , en la cual Ud podrá obtener tanto un valor total como promedio de los datos realizados en cada hoja o planilla.

Para obtener los promedio de peso Kgr/Lb y Ganancia de peso Kgr/Lb/dia, realice una sumatoria de todos los datos obtenidos y los divide entre el número de pesajes realizados durante el mes.

Produccion de carne por unidad de superficie

Este cuadro le permite obtener el parámetro "Producción de Carne por Unidad de Superficie", es decir la cantidad de carne que ha producido su unidad de producción por cada hectárea o Acre dedicada a la producción de carne durante el mes.

Extensión o superficie Ha/Acres	Producción de carne Kg/Lb	Promedio producción superficie

Extensión o Superficie Ha/Acres: registre el número de hectáreas, Acres o cualquier otra unidad de superficie dedicadas a la producción de carne.

Producción de carne Kg/Lb: Registre la cantidad total de carne producida durante el mes según los datos en las planillas de ventas de carne individual y por lotes.

Promedio producción Superficie: para obtener este dato, divida la Producción de Carne Kg o Lb del mes entre la extensión o superficie ha/Acres.

Promedio Producción Superficie = producción de Carne / Extensión o Superficie

Resumenes anuales
A través de estos cuadros de resúmenes, Ud. podrá obtener los datos resumidos de todos los eventos de las gestiones de ventas, compras, pesajes y producción de carne.

Resumen anual de ventas individuales de animales
Transcriba en cada mes, los datos que ya se han registrado en los resúmenes mensuales de las ventas individuales de animales. Una vez haya transcrito estos datos, obtendrá a través de una sumatoria simple, los resultados totales anual de ventas individuales de animales.

Mes	Kg/Lb carne vendidos	Total Deducciones $	Total General $
Enero			
Febrero			
Marzo			
Abril			
Mayo			
Junio			
Julio			
Agosto			
Septiembre			
Octubre			
Noviembre			
Diciembre			
Totales			

Resumen anual de ventas de animales por Lotes

Transcriba en cada mes, los datos que ya se han registrado en los resúmenes mensuales de las ventas de animales por lotes. Una vez haya transcrito estos datos, obtendrá a través de una sumatoria simple, los resultados totales anual de ventas por lotes.

Mes	Número de animales	Kg/Lb carne vendidos	Total Deducciones $	Total General $
Enero				
Febrero				
Marzo				
Abril				
Mayo				
Junio				
Julio				
Agosto				
Septiembre				
Octubre				
Noviembre				
Diciembre				
Totales				

Resumen anual de compras individuales de animales

Transcriba en cada mes, los datos que ya se han registrado en los resúmenes mensuales de las compras individuales de animales. Una vez haya transcrito estos datos, obtendrá a través de una sumatoria simple, los resultados totales anual de compras individuales de animales.

Mes	Número de animales	Kg/Lb carne comprados	Total Deducciones $	Total General $
Enero				
Febrero				
Marzo				
Abril				
Mayo				
Junio				
Julio				
Agosto				
Septiembre				
Octubre				
Noviembre				
Diciembre				
Totales				

Resumen anual de compras de animales por Lotes

Transcriba en cada mes, los datos que ya se han registrado en los resúmenes mensuales de las compras de animales por lotes. Una vez haya transcrito estos datos, obtendrá a través de una sumatoria simple, los resultados totales anual de compras por lotes.

Mes	Número de animales	Kg/Lb carne comprados	Total Deducciones $	Total General $
Enero				
Febrero				
Marzo				
Abril				
Mayo				
Junio				
Julio				
Agosto				
Septiembre				
Octubre				
Noviembre				
Diciembre				
Totales				

Resumen anual de pesaje individual de animales

Transcriba en cada mes, los datos que ya se han registrado en los resúmenes mensuales de los pesajes individuales de animales. Una vez haya transcrito estos datos, obtendrá a través de una sumatoria simple, los resultados totales anual de pesajes individuales de animales.

Mes	Total general Kg/Lb	Promedio ganancia peso/día
Enero		
Febrero		
Marzo		
Abril		
Mayo		
Junio		
Julio		
Agosto		
Septiembre		
Octubre		
Noviembre		
Diciembre		
Totales		

Resumen anual de pesaje de animales por Lotes

Transcriba en cada mes, los datos que ya se han registrado en los resúmenes mensuales de las pesajes de animales por lotes. Una vez haya transcrito estos datos, obtendrá a través de una sumatoria simple, los resultados totales anual de pesajes de animales por lotes.

Mes	Total general Kg/Lb	Promedio ganancia peso/dia
Enero		
Febrero		
Marzo		
Abril		
Mayo		
Junio		
Julio		
Agosto		
Septiembre		
Octubre		
Noviembre		
Diciembre		
Totales		

VENTAS Y COMPRAS DE ANIMALES

Enero

⛬ **Intar** administrativo carne

Fecha de la Venta/Compra

Venta ☐   Compra ☐

Identificación Animales Vendidos/Comprados

Identificación Lote	Nro. Animales Vendidos/Comprados

Kg/Lb de Carne	Nombre Comprador/Vendedor

Precio ($) por Kg/Lb	Tipo de Venta/Compra

Nro Documento Venta/Compra	Concepto Deducción

Monto por Deducción ($)	Monto Total ($)

Comentarios

Fecha de la Venta/Compra

Venta ☐   Compra ☐

Identificación Animales Vendidos/Comprados

Identificación Lote	Nro. Animales Vendidos/Comprados

Kg/Lb de Carne	Nombre Comprador/Vendedor

Precio ($) por Kg/Lb	Tipo de Venta/Compra

Nro Documento Venta/Compra	Concepto Deducción

Monto por Deducción ($)	Monto Total ($)

Comentarios

ᄇ INTAR administrativo carne

Fecha de la Venta/Compra

Venta ☐   Compra ☐

Identificación Animales Vendidos/Comprados

Identificación Lote	Nro. Animales Vendidos/Comprados

Kg/Lb de Carne	Nombre Comprador/Vendedor

Precio (\$) por Kg/Lb	Tipo de Venta/Compra

Nro Documento Venta/Compra	Concepto Deducción

Monto por Deducción (\$)	Monto Total (\$)

Comentarios

Fecha de la Venta/Compra

Venta ☐   Compra ☐

Identificación Animales Vendidos/Comprados

Identificación Lote	Nro. Animales Vendidos/Comprados

Kg/Lb de Carne	Nombre Comprador/Vendedor

Precio ($) por Kg/Lb	Tipo de Venta/Compra

Nro Documento Venta/Compra	Concepto Deducción

Monto por Deducción ($)	Monto Total ($)

Comentarios

ᗄ Inᴛᴀr administrativo carne

Fecha de la Venta/Compra

Venta ☐   Compra ☐

Identificación Animales Vendidos/Comprados

Identificación Lote	Nro. Animales Vendidos/Comprados

Kg/Lb de Carne	Nombre Comprador/Vendedor

Precio ($) por Kg/Lb	Tipo de Venta/Compra

Nro Documento Venta/Compra	Concepto Deducción

Monto por Deducción ($)	Monto Total ($)

Comentarios

intar administrativo carne

Fecha de la Venta/Compra

Venta ☐   Compra ☐

Identificación Animales Vendidos/Comprados

Identificación Lote	Nro. Animales Vendidos/Comprados

Kg/Lb de Carne	Nombre Comprador/Vendedor

Precio ($) por Kg/Lb	Tipo de Venta/Compra

Nro Documento Venta/Compra	Concepto Deducción

Monto por Deducción ($)	Monto Total ($)

Comentarios

ᚼ Inᴛᴀr administrativo carne

Fecha de la Venta/Compra

Venta ☐   Compra ☐

Identificación Animales Vendidos/Comprados

Identificación Lote	Nro. Animales Vendidos/Comprados

Kg/Lb de Carne	Nombre Comprador/Vendedor

Precio ($) por Kg/Lb	Tipo de Venta/Compra

Nro Documento Venta/Compra	Concepto Deducción

Monto por Deducción ($)	Monto Total ($)

Comentarios

Fecha de la Venta/Compra

Venta ☐   Compra ☐

Identificación Animales Vendidos/Comprados

Identificación Lote	Nro. Animales Vendidos/Comprados

Kg/Lb de Carne	Nombre Comprador/Vendedor

Precio ($) por Kg/Lb	Tipo de Venta/Compra

Nro Documento Venta/Compra	Concepto Deducción

Monto por Deducción ($)	Monto Total ($)

Comentarios

ᗺ inTar administrativo carne

Fecha de la Venta/Compra

Venta ☐   Compra ☐

Identificación Animales Vendidos/Comprados

Identificación Lote | Nro. Animales Vendidos/Comprados

Kg/Lb de Carne | Nombre Comprador/Vendedor

Precio ($) por Kg/Lb | Tipo de Venta/Compra

Nro Documento Venta/Compra | Concepto Deducción

Monto por Deducción ($) | Monto Total ($)

Comentarios

 **intar** administrativo carne

Fecha de la Venta/Compra

Venta ☐   Compra ☐

Identificación Animales Vendidos/Comprados

Identificación Lote	Nro. Animales Vendidos/Comprados

Kg/Lb de Carne	Nombre Comprador/Vendedor

Precio ($) por Kg/Lb	Tipo de Venta/Compra

Nro Documento Venta/Compra	Concepto Deducción

Monto por Deducción ($)	Monto Total ($)

Comentarios

ᘜ ıntar administrativo carne

Fecha de la Venta/Compra

Venta ☐   Compra ☐

Identificación Animales Vendidos/Comprados

Identificación Lote	Nro. Animales Vendidos/Comprados

Kg/Lb de Carne	Nombre Comprador/Vendedor

Precio ($) por Kg/Lb	Tipo de Venta/Compra

Nro Documento Venta/Compra	Concepto Deducción

Monto por Deducción ($)	Monto Total ($)

Comentarios

intar administrativo carne

Fecha de la Venta/Compra

Venta ☐   Compra ☐

Identificación Animales Vendidos/Comprados

Identificación Lote	Nro. Animales Vendidos/Comprados

Kg/Lb de Carne	Nombre Comprador/Vendedor

Precio ($) por Kg/Lb	Tipo de Venta/Compra

Nro Documento Venta/Compra	Concepto Deducción

Monto por Deducción ($)	Monto Total ($)

Comentarios

⛉ intar administrativo carne

Fecha de la Venta/Compra

Venta ☐   Compra ☐

Identificación Animales Vendidos/Comprados

Identificación Lote · Nro. Animales Vendidos/Comprados

Kg/Lb de Carne · Nombre Comprador/Vendedor

Precio ($) por Kg/Lb · Tipo de Venta/Compra

Nro Documento Venta/Compra · Concepto Deducción

Monto por Deducción ($) · Monto Total ($)

Comentarios

Fecha de la Venta/Compra

Venta ☐   Compra ☐

Identificación Animales Vendidos/Comprados

Identificación Lote	Nro. Animales Vendidos/Comprados

Kg/Lb de Carne	Nombre Comprador/Vendedor

Precio ($) por Kg/Lb	Tipo de Venta/Compra

Nro Documento Venta/Compra	Concepto Deducción

Monto por Deducción ($)	Monto Total ($)

Comentarios

Fecha de la Venta/Compra

Venta ☐　　Compra ☐

Identificación Animales Vendidos/Comprados

Identificación Lote | Nro. Animales Vendidos/Comprados

Kg/Lb de Carne | Nombre Comprador/Vendedor

Precio ($) por Kg/Lb | Tipo de Venta/Compra

Nro Documento Venta/Compra | Concepto Deducción

Monto por Deducción ($) | Monto Total ($)

Comentarios

RESUMENES MENSUALES DE VENTAS

Enero

Resumen mensual de venta indivual de animales

Fecha de venta	N° animales vendidos	ID Lote	Kg/Lb de carne	Comprador	Precio $ Kg/Lb	Tipo de venta	N° Documento	Concepto deducción $	Total deducción $	Total General
TOTALES										

Notas

Resumen mensual de venta lote de animales

ꝩɪɴꞀɑʀ administrativo carne

Fecha de venta	N° animales vendidos	ID Lote	Kg/Lb de carne	Comprador	Precio $ Kg/Lb	Tipo de venta	N° Documento	Concepto deducción $	Total deducción $	Total General
TOTALES										

Notas

RESUMENES MENSUALES DE COMPRAS

Enero

Resumen mensual de compras individual de animales

Fecha de compra	N° animales comprados	ID Lote	Kg/Lb de carne	Vendedor	Precio $ Kg/Lb	Tipo de compra	N° Documento	Concepto deducción $	Total deducción $	Total General
TOTALES										

Notas

Resumen mensual de compras lote de animales

Vinrar administrativo carne

Fecha de compra	N° animales comprados	ID Lote	Kg/Lb de carne	Vendedor	Precio $ Kg/Lb	Tipo de compra	N° Documento	Concepto deducción $	Total deducción $	Total General
TOTALES										

Notas

REGISTRO DE PESOS DE ANIMALES

Enero

Planilla para el pesaje mensual de animales individuales | Enero

Pesaje	Fecha	ID Animal	Categoria	ID Lote	Peso Kg/Lb	Ganancia Peso Kg/Lb/día
1						
2						
3						
4						
5						
6						
7						
8						
9						
10						
11			.			
12						
13						
14						
15						
16						
17						
18						
19						
20						
21						
22						
23						
24						
25						
26						
27						
28						
29						
30						
31						
32						
33						
34						
35						
36						
37						
38						
39						
40						
41						
42						
43						
44						
45						
46						
47						
48						
49						
50						
				TOTALES		
				PROMEDIO		

Planilla para el pesaje mensual de animales individuales | Enero

Pesaje	Fecha	ID Animal	Categoria	ID Lote	Peso Kg/Lb	Ganancia Peso Kg/Lb/dia
51						
52						
53						
54						
55						
56						
57						
58						
59						
60						
61						
62						
63						
64						
65						
66						
67						
68						
69						
70						
71						
72						
73						
74						
75						
76						
77						
78						
79						
80						
81						
82						
83						
84						
85						
86						
87						
88						
89						
90						
91						
92						
93						
94						
95						
96						
97						
98						
99						
100						
				TOTALES		
				PROMEDIO		

Planilla para el pesaje mensual de animales individuales | Enero

Pesaje	Fecha	ID Animal	Categoria	ID Lote	Peso Kg/Lb	Ganancia Peso Kg/Lb/dia
101						
102						
103						
104						
105						
106						
107						
108						
109						
110						
111						
112						
113						
114						
115						
116						
117						
118						
119						
120						
121						
122						
123						
124						
125						
126						
127						
128						
129						
130						
131						
132						
133						
134						
135						
136						
137						
138						
139						
140						
141						
142						
143						
144						
145						
146						
147						
148						
149						
150						
				TOTALES		
				PROMEDIO		

Planilla para el pesaje mensual de animales individuales | Enero

Pesaje	Fecha	ID Animal	Categoría	ID Lote	Peso Kg/Lb	Ganancia Peso Kg/Lb/dia
151						
152						
153						
154						
155						
156						
157						
158						
159						
160						
161						
162						
163						
164						
165						
166						
167						
168						
169						
170						
171						
172						
173						
174						
175						
176						
177						
178						
179						
180						
181						
182						
183						
184						
185						
186						
187						
188						
189						
190						
191						
192						
193						
194						
195						
196						
197						
198						
199						
200						
				TOTALES		
				PROMEDIO		

Planilla para el pesaje mensual de lotes de animales | Enero

Pesaje	Fecha	ID Lote	Categoria	Número de Animales	Peso Kg/Lb	Promedio Peso Kg/Lb	Ganancia Peso Kg/Lb/dia
1							
2							
3							
4							
5							
6							
7							
8							
9							
10							
11							
12							
13							
14							
15							
16							
17							
18							
19							
20							
				TOTALES			
				PROMEDIO			

Producción de carne por unidad de superficie | Enero

Extensión o superficie Ha/Acres	Producción de carne Kg/Lb	Promedio producción superficie

Notas

_____

_____

_____

_____

_____

_____

_____

_____

_____

_____

_____

_____

_____

_____

_____

_____

_____

_____

_____

_____

_____

Notas

VENTAS Y COMPRAS DE ANIMALES

Febrero

ϒ intar administrativo carne

Fecha de la Venta/Compra

Venta ☐   Compra ☐

Identificación Animales Vendidos/Comprados

Identificación Lote | Nro. Animales Vendidos/Comprados

Kg/Lb de Carne | Nombre Comprador/Vendedor

Precio ($) por Kg/Lb | Tipo de Venta/Compra

Nro Documento Venta/Compra | Concepto Deducción

Monto por Deducción ($) | Monto Total ($)

Comentarios

intar administrativo carne

Fecha de la Venta/Compra

Venta ☐   Compra ☐

Identificación Animales Vendidos/Comprados

Identificación Lote	Nro. Animales Vendidos/Comprados

Kg/Lb de Carne	Nombre Comprador/Vendedor

Precio ($) por Kg/Lb	Tipo de Venta/Compra

Nro Documento Venta/Compra	Concepto Deducción

Monto por Deducción ($)	Monto Total ($)

Comentarios

⏅ inTar administrativo carne

Fecha de la Venta/Compra

Venta ☐　　Compra ☐

Identificación Animales Vendidos/Comprados

Identificación Lote	Nro. Animales Vendidos/Comprados

Kg/Lb de Carne	Nombre Comprador/Vendedor

Precio ($) por Kg/Lb	Tipo de Venta/Compra

Nro Documento Venta/Compra	Concepto Deducción

Monto por Deducción ($)	Monto Total ($)

Comentarios

Fecha de la Venta/Compra

Venta ☐   Compra ☐

Identificación Animales Vendidos/Comprados

Identificación Lote	Nro. Animales Vendidos/Comprados

Kg/Lb de Carne	Nombre Comprador/Vendedor

Precio ($) por Kg/Lb	Tipo de Venta/Compra

Nro Documento Venta/Compra	Concepto Deducción

Monto por Deducción ($)	Monto Total ($)

Comentarios

✗ **intar** administrativo carne

Fecha de la Venta/Compra

Venta ☐   Compra ☐

Identificación Animales Vendidos/Comprados

Identificación Lote	Nro. Animales Vendidos/Comprados

Kg/Lb de Carne	Nombre Comprador/Vendedor

Precio ($) por Kg/Lb	Tipo de Venta/Compra

Nro Documento Venta/Compra	Concepto Deducción

Monto por Deducción ($)	Monto Total ($)

Comentarios

Fecha de la Venta/Compra

Venta ☐   Compra ☐

Identificación Animales Vendidos/Comprados

Identificación Lote	Nro. Animales Vendidos/Comprados

Kg/Lb de Carne	Nombre Comprador/Vendedor

Precio ($) por Kg/Lb	Tipo de Venta/Compra

Nro Documento Venta/Compra	Concepto Deducción

Monto por Deducción ($)	Monto Total ($)

Comentarios

ʊ intar administrativo carne

Fecha de la Venta/Compra

Venta ☐   Compra ☐

Identificación Animales Vendidos/Comprados

Identificación Lote	Nro. Animales Vendidos/Comprados

Kg/Lb de Carne	Nombre Comprador/Vendedor

Precio ($) por Kg/Lb	Tipo de Venta/Compra

Nro Documento Venta/Compra	Concepto Deducción

Monto por Deducción ($)	Monto Total ($)

Comentarios

Fecha de la Venta/Compra

Venta ☐   Compra ☐

Identificación Animales Vendidos/Comprados

Identificación Lote	Nro. Animales Vendidos/Comprados

Kg/Lb de Carne	Nombre Comprador/Vendedor

Precio ($) por Kg/Lb	Tipo de Venta/Compra

Nro Documento Venta/Compra	Concepto Deducción

Monto por Deducción ($)	Monto Total ($)

Comentarios

ᐂ inTar administrativo carne

Fecha de la Venta/Compra

Venta ☐   Compra ☐

Identificación Animales Vendidos/Comprados

Identificación Lote	**Nro. Animales Vendidos/Comprados**

Kg/Lb de Carne	**Nombre Comprador/Vendedor**

Precio ($) por Kg/Lb	**Tipo de Venta/Compra**

Nro Documento Venta/Compra	**Concepto Deducción**

Monto por Deducción ($)	**Monto Total ($)**

Comentarios

intar administrativo carne

Fecha de la Venta/Compra

Venta ☐   Compra ☐

Identificación Animales Vendidos/Comprados

Identificación Lote	Nro. Animales Vendidos/Comprados

Kg/Lb de Carne	Nombre Comprador/Vendedor

Precio ($) por Kg/Lb	Tipo de Venta/Compra

Nro Documento Venta/Compra	Concepto Deducción

Monto por Deducción ($)	Monto Total ($)

Comentarios

ᐰ intar administrativo carne

Fecha de la Venta/Compra

Venta ☐   Compra ☐

Identificación Animales Vendidos/Comprados

Identificación Lote | Nro. Animales Vendidos/Comprados

Kg/Lb de Carne | Nombre Comprador/Vendedor

Precio ($) por Kg/Lb | Tipo de Venta/Compra

Nro Documento Venta/Compra | Concepto Deducción

Monto por Deducción ($) | Monto Total ($)

Comentarios

Fecha de la Venta/Compra

Venta ☐   Compra ☐

Identificación Animales Vendidos/Comprados

Identificación Lote	Nro. Animales Vendidos/Comprados

Kg/Lb de Carne	Nombre Comprador/Vendedor

Precio ($) por Kg/Lb	Tipo de Venta/Compra

Nro Documento Venta/Compra	Concepto Deducción

Monto por Deducción ($)	Monto Total ($)

Comentarios

♉ **IΠТΟΓ** administrativo carne

Fecha de la Venta/Compra

Venta ☐   Compra ☐

Identificación Animales Vendidos/Comprados

Identificación Lote	Nro. Animales Vendidos/Comprados

Kg/Lb de Carne	Nombre Comprador/Vendedor

Precio ($) por Kg/Lb	Tipo de Venta/Compra

Nro Documento Venta/Compra	Concepto Deducción

Monto por Deducción ($)	Monto Total ($)

Comentarios

Fecha de la Venta/Compra

Venta ☐   Compra ☐

Identificación Animales Vendidos/Comprados

Identificación Lote	Nro. Animales Vendidos/Comprados

Kg/Lb de Carne	Nombre Comprador/Vendedor

Precio ($) por Kg/Lb	Tipo de Venta/Compra

Nro Documento Venta/Compra	Concepto Deducción

Monto por Deducción ($)	Monto Total ($)

Comentarios

ΰ intar administrativo carne

Fecha de la Venta/Compra

Venta ☐   Compra ☐

Identificación Animales Vendidos/Comprados

Identificación Lote	Nro. Animales Vendidos/Comprados

Kg/Lb de Carne	Nombre Comprador/Vendedor

Precio ($) por Kg/Lb	Tipo de Venta/Compra

Nro Documento Venta/Compra	Concepto Deducción

Monto por Deducción ($)	Monto Total ($)

Comentarios

RESUMENES MENSUALES DE VENTAS

Febrero

Resumen mensual de venta indivual de animales

ᐯintar administrativo carne

Fecha de venta	N° animales vendidos	ID Lote	Kg/Lb de carne	Comprador	Precio $ Kg/Lb	Tipo de venta	N° Documento	Concepto deducción $	Total deducción $	Total General
TOTALES										

Notas

Resumen mensual de venta lote de animales

Fecha de venta	N° animales vendidos	ID Lote	Kg/Lb de carne	Comprador	Precio $ Kg/Lb	Tipo de venta	N° Documento	Concepto deducción $	Total deducción $	Total General
TOTALES										

Notas

RESUMENES
MENSUALES
DE COMPRAS

Febrero

Resumen mensual de compras individual de animales

Vinrar administrativo carne

Fecha de compra	N° animales comprados	ID Lote	Kg/Lb de carne	Vendedor	Precio $ Kg/Lb	Tipo de compra	N° Documento	Concepto deducción $	Total deducción $	Total General
TOTALES										

Notas

Resumen mensual de compras lote de animales

ᗼ**inrar** administrativo carne

Fecha de compra	N° animales comprados	ID Lote	Kg/Lb de carne	Vendedor	Precio $ Kg/Lb	Tipo de compra	N° Documento	Concepto deducción $	Total deducción $	Total General
TOTALES										

Notas

REGISTRO
DE PESOS
DE ANIMALES

Febrero

Planilla para el pesaje mensual de animales individuales | Febrero

Pesaje	Fecha	ID Animal	Categoria	ID Lote	Peso Kg/Lb	Ganancia Peso Kg/Lb/día
1						
2						
3						
4						
5						
6						
7						
8						
9						
10						
11						
12						
13						
14						
15						
16						
17						
18						
19						
20						
21						
22						
23						
24						
25						
26						
27						
28						
29						
30						
31						
32						
33						
34						
35						
36						
37						
38						
39						
40						
41						
42						
43						
44						
45						
46						
47						
48						
49						
50						
				TOTALES		
				PROMEDIO		

Planilla para el pesaje mensual de animales individuales | Febrero

Pesaje	Fecha	ID Animal	Categoría	ID Lote	Peso Kg/Lb	Ganancia Peso Kg/Lb/día
51						
52						
53						
54						
55						
56						
57						
58						
59						
60						
61						
62						
63						
64						
65						
66						
67						
68						
69						
70						
71						
72						
73						
74						
75						
76						
77						
78						
79						
80						
81						
82						
83						
84						
85						
86						
87						
88						
89						
90						
91						
92						
93						
94						
95						
96						
97						
98						
99						
100						
				TOTALES		
				PROMEDIO		

Planilla para el pesaje mensual de animales individuales | Febrero

Pesaje	Fecha	ID Animal	Categoria	ID Lote	Peso Kg/Lb	Ganancia Peso Kg/Lb/dia
101						
102						
103						
104						
105						
106						
107						
108						
109						
110						
111						
112						
113						
114						
115						
116						
117						
118						
119						
120						
121						
122						
123						
124						
125						
126						
127						
128						
129						
130						
131						
132						
133						
134						
135						
136						
137						
138						
139						
140						
141						
142						
143						
144						
145						
146						
147						
148						
149						
150						
				TOTALES		
				PROMEDIO		

Planilla para el pesaje mensual de animales individuales | Febrero

Pesaje	Fecha	ID Animal	Categoria	ID Lote	Peso Kg/Lb	Ganancia Peso Kg/Lb/dia
151						
152						
153						
154						
155						
156						
157						
158						
159						
160						
161						
162						
163						
164						
165						
166						
167						
168						
169						
170						
171						
172						
173						
174						
175						
176						
177						
178						
179						
180						
181						
182						
183						
184						
185						
186						
187						
188						
189						
190						
191						
192						
193						
194						
195						
196						
197						
198						
199						
200						
				TOTALES		
				PROMEDIO		

Planilla para el pesaje mensual de animales individuales | Febrero

Pesaje	Fecha	ID Lote	Categoría	Número de Animales	Peso Kg/Lb	Promedio Peso Kg/Lb	Ganancia Peso Kg/Lb/día
1							
2							
3							
4							
5							
6							
7							
8							
9							
10							
11							
12							
13							
14							
15							
16							
17							
18							
19							
20							
				TOTALES			
				PROMEDIO			

Producción de carne por unidad de superficie | Febrero

Extensión o superficie Ha/Acres	Producción de carne Kg/Lb	Promedio producción superficie

Notas

_____

_____

_____

_____

_____

_____

_____

_____

_____

_____

_____

_____

_____

_____

_____

_____

_____

_____

_____

_____

_____

Notas

VENTAS Y COMPRAS DE ANIMALES

Marzo

ꝏ ɪnꞇɑr administrativo carne

Fecha de la Venta/Compra

Venta ☐   Compra ☐

Identificación Animales Vendidos/Comprados

Identificación Lote	Nro. Animales Vendidos/Comprados

Kg/Lb de Carne	Nombre Comprador/Vendedor

Precio ($) por Kg/Lb	Tipo de Venta/Compra

Nro Documento Venta/Compra	Concepto Deducción

Monto por Deducción ($)	Monto Total ($)

Comentarios

 **intar** administrativo carne

Fecha de la Venta/Compra

Venta ☐   Compra ☐

Identificación Animales Vendidos/Comprados

Identificación Lote	Nro. Animales Vendidos/Comprados

Kg/Lb de Carne	Nombre Comprador/Vendedor

Precio ($) por Kg/Lb	Tipo de Venta/Compra

Nro Documento Venta/Compra	Concepto Deducción

Monto por Deducción ($)	Monto Total ($)

Comentarios

♉ **intar** administrativo carne

Fecha de la Venta/Compra

Venta ☐   Compra ☐

Identificación Animales Vendidos/Comprados

Identificación Lote

Nro. Animales Vendidos/Comprados

Kg/Lb de Carne

Nombre Comprador/Vendedor

Precio ($) por Kg/Lb

Tipo de Venta/Compra

Nro Documento Venta/Compra

Concepto Deducción

Monto por Deducción ($)

Monto Total ($)

Comentarios

Fecha de la Venta/Compra

Venta ☐   Compra ☐

Identificación Animales Vendidos/Comprados

Identificación Lote	Nro. Animales Vendidos/Comprados

Kg/Lb de Carne	Nombre Comprador/Vendedor

Precio ($) por Kg/Lb	Tipo de Venta/Compra

Nro Documento Venta/Compra	Concepto Deducción

Monto por Deducción ($)	Monto Total ($)

Comentarios

ᗡ Inraɾ administrativo carne

Fecha de la Venta/Compra

Venta ☐   Compra ☐

Identificación Animales Vendidos/Comprados

Identificación Lote	Nro. Animales Vendidos/Comprados

Kg/Lb de Carne	Nombre Comprador/Vendedor

Precio ($) por Kg/Lb	Tipo de Venta/Compra

Nro Documento Venta/Compra	Concepto Deducción

Monto por Deducción ($)	Monto Total ($)

Comentarios

Fecha de la Venta/Compra

Venta ☐   Compra ☐

Identificación Animales Vendidos/Comprados

Identificación Lote	Nro. Animales Vendidos/Comprados

Kg/Lb de Carne	Nombre Comprador/Vendedor

Precio ($) por Kg/Lb	Tipo de Venta/Compra

Nro Documento Venta/Compra	Concepto Deducción

Monto por Deducción ($)	Monto Total ($)

Comentarios

♉ intar administrativo carne

Fecha de la Venta/Compra

Venta ☐   Compra ☐

Identificación Animales Vendidos/Comprados

Identificación Lote	Nro. Animales Vendidos/Comprados

Kg/Lb de Carne	Nombre Comprador/Vendedor

Precio ($) por Kg/Lb	Tipo de Venta/Compra

Nro Documento Venta/Compra	Concepto Deducción

Monto por Deducción ($)	Monto Total ($)

Comentarios

 **intar** administrativo carne

Fecha de la Venta/Compra

Venta ☐   Compra ☐

Identificación Animales Vendidos/Comprados

Identificación Lote	Nro. Animales Vendidos/Comprados

Kg/Lb de Carne	Nombre Comprador/Vendedor

Precio ($) por Kg/Lb	Tipo de Venta/Compra

Nro Documento Venta/Compra	Concepto Deducción

Monto por Deducción ($)	Monto Total ($)

Comentarios

ᗄ **ınɾɑɾ** administrativo carne

Fecha de la Venta/Compra

Venta ☐   Compra ☐

Identificación Animales Vendidos/Comprados

Identificación Lote	Nro. Animales Vendidos/Comprados

Kg/Lb de Carne	Nombre Comprador/Vendedor

Precio ($) por Kg/Lb	Tipo de Venta/Compra

Nro Documento Venta/Compra	Concepto Deducción

Monto por Deducción ($)	Monto Total ($)

Comentarios

Fecha de la Venta/Compra

Venta ☐　　Compra ☐

Identificación Animales Vendidos/Comprados

Identificación Lote	Nro. Animales Vendidos/Comprados

Kg/Lb de Carne	Nombre Comprador/Vendedor

Precio ($) por Kg/Lb	Tipo de Venta/Compra

Nro Documento Venta/Compra	Concepto Deducción

Monto por Deducción ($)	Monto Total ($)

Comentarios

❤ **inTar** administrativo carne

Fecha de la Venta/Compra

Venta ☐   Compra ☐

Identificación Animales Vendidos/Comprados

Identificación Lote | Nro. Animales Vendidos/Comprados

Kg/Lb de Carne | Nombre Comprador/Vendedor

Precio ($) por Kg/Lb | Tipo de Venta/Compra

Nro Documento Venta/Compra | Concepto Deducción

Monto por Deducción ($) | Monto Total ($)

Comentarios

Fecha de la Venta/Compra

Venta ☐   Compra ☐

Identificación Animales Vendidos/Comprados

Identificación Lote	Nro. Animales Vendidos/Comprados

Kg/Lb de Carne	Nombre Comprador/Vendedor

Precio ($) por Kg/Lb	Tipo de Venta/Compra

Nro Documento Venta/Compra	Concepto Deducción

Monto por Deducción ($)	Monto Total ($)

Comentarios

ᘖ intar administrativo carne

Fecha de la Venta/Compra

Venta ☐   Compra ☐

Identificación Animales Vendidos/Comprados

Identificación Lote

Nro. Animales Vendidos/Comprados

Kg/Lb de Carne

Nombre Comprador/Vendedor

Precio ($) por Kg/Lb

Tipo de Venta/Compra

Nro Documento Venta/Compra

Concepto Deducción

Monto por Deducción ($)

Monto Total ($)

Comentarios

Fecha de la Venta/Compra

Venta ☐   Compra ☐

Identificación Animales Vendidos/Comprados

Identificación Lote	Nro. Animales Vendidos/Comprados

Kg/Lb de Carne	Nombre Comprador/Vendedor

Precio (\$) por Kg/Lb	Tipo de Venta/Compra

Nro Documento Venta/Compra	Concepto Deducción

Monto por Deducción (\$)	Monto Total (\$)

Comentarios

ᔬ ɪnʈɑr administrativo carne

Fecha de la Venta/Compra

Venta ☐   Compra ☐

Identificación Animales Vendidos/Comprados

Identificación Lote	Nro. Animales Vendidos/Comprados

Kg/Lb de Carne	Nombre Comprador/Vendedor

Precio ($) por Kg/Lb	Tipo de Venta/Compra

Nro Documento Venta/Compra	Concepto Deducción

Monto por Deducción ($)	Monto Total ($)

Comentarios

RESUMENES MENSUALES DE VENTAS

Marzo

Resumen mensual de venta indivual de animales

Fecha de venta	N° animales vendidos	ID Lote	Kg/Lb de carne	Comprador	Precio $ Kg/Lb	Tipo de venta	N° Documento	Concepto deducción $	Total deducción $	Total General
TOTALES										

Notas

Resumen mensual de venta lote de animales

ᗐINTAr administrativo carne

Fecha de venta	N° animales vendidos	ID Lote	Kg/Lb de carne	Comprador	Precio $ Kg/Lb	Tipo de venta	N° Documento	Concepto deducción $	Total deducción $	Total General
TOTALES										

Notas

RESUMENES MENSUALES DE COMPRAS

Marzo

Resumen mensual de compras individual de animales

Fecha de compra	N° animales comprados	ID Lote	Kg/Lb de carne	Vendedor	Precio $ Kg/Lb	Tipo de compra	N° Documento	Concepto deducción $	Total deducción $	Total General
TOTALES										

Notas

Resumen mensual de compras lote de animales

Vinrar administrativo carne

Fecha de compra	N° animales comprados	ID Lote	Kg/Lb de carne	Vendedor	Precio $ Kg/Lb	Tipo de compra	N° Documento	Concepto deducción $	Total deducción $	Total General
TOTALES										

Notas

REGISTRO DE PESOS DE ANIMALES

Marzo

Planilla para el pesaje mensual de animales individuales | Marzo

Pesaje	Fecha	ID Animal	Categoria	ID Lote	Peso Kg/Lb	Ganancia Peso Kg/Lb/dia
1						
2						
3						
4						
5						
6						
7						
8						
9						
10						
11						
12						
13						
14						
15						
16						
17						
18						
19						
20						
21						
22						
23						
24						
25						
26						
27						
28						
29						
30						
31						
32						
33						
34						
35						
36						
37						
38						
39						
40						
41						
42						
43						
44						
45						
46						
47						
48						
49						
50						
				TOTALES		
				PROMEDIO		

Planilla para el pesaje mensual de animales individuales | Marzo

Pesaje	Fecha	ID Animal	Categoría	ID Lote	Peso Kg/Lb	Ganancia Peso Kg/Lb/dia
51						
52						
53						
54						
55						
56						
57						
58						
59						
60						
61						
62						
63						
64						
65						
66						
67						
68						
69						
70						
71						
72						
73						
74						
75						
76						
77						
78						
79						
80						
81						
82						
83						
84						
85						
86						
87						
88						
89						
90						
91						
92						
93						
94						
95						
96						
97						
98						
99						
100						
				TOTALES		
				PROMEDIO		

Planilla para el pesaje mensual de animales individuales | Marzo

Pesaje	Fecha	ID Animal	Categoria	ID Lote	Peso Kg/Lb	Ganancia Peso Kg/Lb/dia
101						
102						
103						
104						
105						
106						
107						
108						
109						
110						
111						
112						
113						
114						
115						
116						
117						
118						
119						
120						
121						
122						
123						
124						
125						
126						
127						
128						
129						
130						
131						
132						
133						
134						
135						
136						
137						
138						
139						
140						
141						
142						
143						
144						
145						
146						
147						
148						
149						
150						
				TOTALES		
				PROMEDIO		

Planilla para el pesaje mensual de animales individuales | Marzo

Pesaje	Fecha	ID Animal	Categoría	ID Lote	Peso Kg/Lb	Ganancia Peso Kg/Lb/dia
151						
152						
153						
154						
155						
156						
157						
158						
159						
160						
161						
162						
163						
164						
165						
166						
167						
168						
169						
170						
171						
172						
173						
174						
175						
176						
177						
178						
179						
180						
181						
182						
183						
184						
185						
186						
187						
188						
189						
190						
191						
192						
193						
194						
195						
196						
197						
198						
199						
200						
				TOTALES		
				PROMEDIO		

Planilla para el pesaje mensual de animales individuales | Marzo

Pesaje	Fecha	ID Lote	Categoria	Número de Animales	Peso Kg/Lb	Promedio Peso Kg/Lb	Ganancia Peso Kg/Lb/día
1							
2							
3							
4							
5							
6							
7							
8							
9							
10							
11							
12							
13							
14							
15							
16							
17							
18							
19							
20							
				TOTALES			
				PROMEDIO			

Producción de carne por unidad de superficie | Marzo

Extensión o superficie Ha/Acres	Producción de carne Kg/Lb	Promedio producción superficie

Notas

_____

_____

_____

_____

_____

_____

_____

_____

_____

_____

_____

_____

_____

_____

_____

_____

_____

_____

_____

_____

Notas

VENTAS Y COMPRAS DE ANIMALES

Abril

♈ **intar** administrativo carne

Fecha de la Venta/Compra

Venta ☐   Compra ☐

Identificación Animales Vendidos/Comprados

Identificación Lote | Nro. Animales Vendidos/Comprados

Kg/Lb de Carne | Nombre Comprador/Vendedor

Precio ($) por Kg/Lb | Tipo de Venta/Compra

Nro Documento Venta/Compra | Concepto Deducción

Monto por Deducción ($) | Monto Total ($)

Comentarios

 **intar** administrativo carne

Fecha de la Venta/Compra

Venta ☐   Compra ☐

Identificación Animales Vendidos/Comprados

Identificación Lote	Nro. Animales Vendidos/Comprados

Kg/Lb de Carne	Nombre Comprador/Vendedor

Precio ($) por Kg/Lb	Tipo de Venta/Compra

Nro Documento Venta/Compra	Concepto Deducción

Monto por Deducción ($)	Monto Total ($)

Comentarios

 administrativo carne

Fecha de la Venta/Compra

Venta ☐   Compra ☐

Identificación Animales Vendidos/Comprados

Identificación Lote	Nro. Animales Vendidos/Comprados

Kg/Lb de Carne	Nombre Comprador/Vendedor

Precio ($) por Kg/Lb	Tipo de Venta/Compra

Nro Documento Venta/Compra	Concepto Deducción

Monto por Deducción ($)	Monto Total ($)

Comentarios

 **intar** administrativo carne

Fecha de la Venta/Compra

Venta ☐   Compra ☐

Identificación Animales Vendidos/Comprados

Identificación Lote	Nro. Animales Vendidos/Comprados

Kg/Lb de Carne	Nombre Comprador/Vendedor

Precio ($) por Kg/Lb	Tipo de Venta/Compra

Nro Documento Venta/Compra	Concepto Deducción

Monto por Deducción ($)	Monto Total ($)

Comentarios

ɪnᴛar administrativo carne

Fecha de la Venta/Compra

Venta ☐   Compra ☐

Identificación Animales Vendidos/Comprados

Identificación Lote | Nro. Animales Vendidos/Comprados

Kg/Lb de Carne | Nombre Comprador/Vendedor

Precio ($) por Kg/Lb | Tipo de Venta/Compra

Nro Documento Venta/Compra | Concepto Deducción

Monto por Deducción ($) | Monto Total ($)

Comentarios

Fecha de la Venta/Compra

Venta ☐   Compra ☐

Identificación Animales Vendidos/Comprados

Identificación Lote	Nro. Animales Vendidos/Comprados

Kg/Lb de Carne	Nombre Comprador/Vendedor

Precio ($) por Kg/Lb	Tipo de Venta/Compra

Nro Documento Venta/Compra	Concepto Deducción

Monto por Deducción ($)	Monto Total ($)

Comentarios

ᖴ Intar administrativo carne

Fecha de la Venta/Compra

Venta ☐   Compra ☐

Identificación Animales Vendidos/Comprados

Identificación Lote	Nro. Animales Vendidos/Comprados

Kg/Lb de Carne	Nombre Comprador/Vendedor

Precio ($) por Kg/Lb	Tipo de Venta/Compra

Nro Documento Venta/Compra	Concepto Deducción

Monto por Deducción ($)	Monto Total ($)

Comentarios

Fecha de la Venta/Compra

Venta ☐ Compra ☐

Identificación Animales Vendidos/Comprados

Identificación Lote	Nro. Animales Vendidos/Comprados

Kg/Lb de Carne	Nombre Comprador/Vendedor

Precio ($) por Kg/Lb	Tipo de Venta/Compra

Nro Documento Venta/Compra	Concepto Deducción

Monto por Deducción ($)	Monto Total ($)

Comentarios

ᛒ intar administrativo carne

Fecha de la Venta/Compra

Venta ☐   Compra ☐

Identificación Animales Vendidos/Comprados

Identificación Lote	Nro. Animales Vendidos/Comprados

Kg/Lb de Carne	Nombre Comprador/Vendedor

Precio ($) por Kg/Lb	Tipo de Venta/Compra

Nro Documento Venta/Compra	Concepto Deducción

Monto por Deducción ($)	Monto Total ($)

Comentarios

Fecha de la Venta/Compra

Venta ☐   Compra ☐

Identificación Animales Vendidos/Comprados

Identificación Lote	Nro. Animales Vendidos/Comprados

Kg/Lb de Carne	Nombre Comprador/Vendedor

Precio ($) por Kg/Lb	Tipo de Venta/Compra

Nro Documento Venta/Compra	Concepto Deducción

Monto por Deducción ($)	Monto Total ($)

Comentarios

intar administrativo carne

Fecha de la Venta/Compra

Venta ☐   Compra ☐

Identificación Animales Vendidos/Comprados

Identificación Lote	Nro. Animales Vendidos/Comprados

Kg/Lb de Carne	Nombre Comprador/Vendedor

Precio ($) por Kg/Lb	Tipo de Venta/Compra

Nro Documento Venta/Compra	Concepto Deducción

Monto por Deducción ($)	Monto Total ($)

Comentarios

Fecha de la Venta/Compra

Venta ☐   Compra ☐

Identificación Animales Vendidos/Comprados

Identificación Lote	Nro. Animales Vendidos/Comprados

Kg/Lb de Carne	Nombre Comprador/Vendedor

Precio ($) por Kg/Lb	Tipo de Venta/Compra

Nro Documento Venta/Compra	Concepto Deducción

Monto por Deducción ($)	Monto Total ($)

Comentarios

ϑ **inTar** administrativo carne

Fecha de la Venta/Compra

Venta ☐ Compra ☐

Identificación Animales Vendidos/Comprados

Identificación Lote	Nro. Animales Vendidos/Comprados

Kg/Lb de Carne	Nombre Comprador/Vendedor

Precio ($) por Kg/Lb	Tipo de Venta/Compra

Nro Documento Venta/Compra	Concepto Deducción

Monto por Deducción ($)	Monto Total ($)

Comentarios

Fecha de la Venta/Compra

Venta ☐   Compra ☐

Identificación Animales Vendidos/Comprados

Identificación Lote	Nro. Animales Vendidos/Comprados

Kg/Lb de Carne	Nombre Comprador/Vendedor

Precio ($) por Kg/Lb	Tipo de Venta/Compra

Nro Documento Venta/Compra	Concepto Deducción

Monto por Deducción ($)	Monto Total ($)

Comentarios

ᘓ intar administrativo carne

Fecha de la Venta/Compra

Venta ☐   Compra ☐

Identificación Animales Vendidos/Comprados

Identificación Lote | Nro. Animales Vendidos/Comprados

Kg/Lb de Carne | Nombre Comprador/Vendedor

Precio ($) por Kg/Lb | Tipo de Venta/Compra

Nro Documento Venta/Compra | Concepto Deducción

Monto por Deducción ($) | Monto Total ($)

Comentarios

RESUMENES MENSUALES DE VENTAS

Abril

Resumen mensual de venta indivual de animales

Fecha de venta	N° animales vendidos	ID Lote	Kg/Lb de carne	Comprador	Precio $ Kg/Lb	Tipo de venta	N° Documento	Concepto deducción $	Total deducción $	Total General
TOTALES										

Notas

Resumen mensual de venta lote de animales

Fecha de venta	N° animales vendidos	ID Lote	Kg/Lb de carne	Comprador	Precio $ Kg/Lb	Tipo de venta	N° Documento	Concepto deducción $	Total deducción $	Total General
TOTALES										

Notas

RESUMENES MENSUALES DE COMPRAS

Abril

Resumen mensual de compras individual de animales

ʊɪnʊɑɾ administrativo carne

Fecha de compra	N° animales comprados	ID Lote	Kg/Lb de carne	Vendedor	Precio $ Kg/Lb	Tipo de compra	N° Documento	Concepto deducción $	Total deducción $	Total General
TOTALES										

Notas

Resumen mensual de compras lote de animales

ʋ intar administrativo carne

Fecha de compra	N° animales comprados	ID Lote	Kg/Lb de carne	Vendedor	Precio $ Kg/Lb	Tipo de compra	N° Documento	Concepto deducción $	Total deducción $	Total General
TOTALES										

Notas

REGISTRO
DE PESOS
DE ANIMALES

Abril

Planilla para el pesaje mensual de animales individuales | Abril

Pesaje	Fecha	ID Animal	Categoría	ID Lote	Peso Kg/Lb	Ganancia Peso Kg/Lb/día
1						
2						
3						
4						
5						
6						
7						
8						
9						
10						
11						
12						
13						
14						
15						
16						
17						
18						
19						
20						
21						
22						
23						
24						
25						
26						
27						
28						
29						
30						
31						
32						
33						
34						
35						
36						
37						
38						
39						
40						
41						
42						
43						
44						
45						
46						
47						
48						
49						
50						
				TOTALES		
				PROMEDIO		

Planilla para el pesaje mensual de animales individuales | Abril

Pesaje	Fecha	ID Animal	Categoría	ID Lote	Peso Kg/Lb	Ganancia Peso Kg/Lb/día
51						
52						
53						
54						
55						
56						
57						
58						
59						
60						
61						
62						
63						
64						
65						
66						
67						
68						
69						
70						
71						
72						
73						
74						
75						
76						
77						
78						
79						
80						
81						
82						
83						
84						
85						
86						
87						
88						
89						
90						
91						
92						
93						
94						
95						
96						
97						
98						
99						
100						
				TOTALES		
				PROMEDIO		

Planilla para el pesaje mensual de animales individuales | Abril

Pesaje	Fecha	ID Animal	Categoria	ID Lote	Peso Kg/Lb	Ganancia Peso Kg/Lb/dia
101						
102						
103						
104						
105						
106						
107						
108						
109						
110						
111						
112						
113						
114						
115						
116						
117						
118						
119						
120						
121						
122						
123						
124						
125						
126						
127						
128						
129						
130						
131						
132						
133						
134						
135						
136						
137						
138						
139						
140						
141						
142						
143						
144						
145						
146						
147						
148						
149						
150						
				TOTALES		
				PROMEDIO		

Planilla para el pesaje mensual de animales individuales | Abril

Pesaje	Fecha	ID Animal	Categoria	ID Lote	Peso Kg/Lb	Ganancia Peso Kg/Lb/dia
151						
152						
153						
154						
155						
156						
157						
158						
159						
160						
161						
162						
163						
164						
165						
166						
167						
168						
169						
170						
171						
172						
173						
174						
175						
176						
177						
178						
179						
180						
181						
182						
183						
184						
185						
186						
187						
188						
189						
190						
191						
192						
193						
194						
195						
196						
197						
198						
199						
200						
				TOTALES		
				PROMEDIO		

Planilla para el pesaje mensual de animales individuales | Abril

Pesaje	Fecha	ID Lote	Categoría	Número de Animales	Peso Kg/Lb	Promedio Peso Kg/Lb	Ganancia Peso Kg/Lb/día
1							
2							
3							
4							
5							
6							
7							
8							
9							
10							
11							
12							
13							
14							
15							
16							
17							
18							
19							
20							
				TOTALES			
				PROMEDIO			

Producción de carne por unidad de superficie | Abril

Extensión o superficie Ha/Acres	Producción de carne Kg/Lb	Promedio producción superficie

Notas

_____

_____

_____

_____

_____

_____

_____

_____

_____

_____

_____

_____

_____

_____

_____

_____

_____

_____

_____

_____

Notas

VENTAS Y COMPRAS DE ANIMALES

Mayo

♉ **intar** administrativo carne

Fecha de la Venta/Compra

Venta ☐   Compra ☐

Identificación Animales Vendidos/Comprados

Identificación Lote	Nro. Animales Vendidos/Comprados

Kg/Lb de Carne	Nombre Comprador/Vendedor

Precio ($) por Kg/Lb	Tipo de Venta/Compra

Nro Documento Venta/Compra	Concepto Deducción

Monto por Deducción ($)	Monto Total ($)

Comentarios

Fecha de la Venta/Compra

Venta ☐   Compra ☐

Identificación Animales Vendidos/Comprados

Identificación Lote | Nro. Animales Vendidos/Comprados

Identificación Lote	Nro. Animales Vendidos/Comprados

Kg/Lb de Carne	Nombre Comprador/Vendedor

Precio ($) por Kg/Lb	Tipo de Venta/Compra

Nro Documento Venta/Compra	Concepto Deducción

Monto por Deducción ($)	Monto Total ($)

Comentarios

♉ **inTar** administrativo carne

Fecha de la Venta/Compra

Venta ☐   Compra ☐

Identificación Animales Vendidos/Comprados

Identificación Lote	**Nro. Animales Vendidos/Comprados**

Kg/Lb de Carne	**Nombre Comprador/Vendedor**

Precio ($) por Kg/Lb	**Tipo de Venta/Compra**

Nro Documento Venta/Compra	**Concepto Deducción**

Monto por Deducción ($)	**Monto Total ($)**

Comentarios

Fecha de la Venta/Compra

Venta ☐   Compra ☐

Identificación Animales Vendidos/Comprados

Identificación Lote | Nro. Animales Vendidos/Comprados

Kg/Lb de Carne | Nombre Comprador/Vendedor

Precio ($) por Kg/Lb | Tipo de Venta/Compra

Nro Documento Venta/Compra | Concepto Deducción

Monto por Deducción ($) | Monto Total ($)

Comentarios

ᛦ **intar** administrativo carne

Fecha de la Venta/Compra

Venta ☐   Compra ☐

Identificación Animales Vendidos/Comprados

Identificación Lote	Nro. Animales Vendidos/Comprados

Kg/Lb de Carne	Nombre Comprador/Vendedor

Precio ($) por Kg/Lb	Tipo de Venta/Compra

Nro Documento Venta/Compra	Concepto Deducción

Monto por Deducción ($)	Monto Total ($)

Comentarios

Fecha de la Venta/Compra

Venta ☐   Compra ☐

Identificación Animales Vendidos/Comprados

Identificación Lote	Nro. Animales Vendidos/Comprados

Kg/Lb de Carne	Nombre Comprador/Vendedor

Precio ($) por Kg/Lb	Tipo de Venta/Compra

Nro Documento Venta/Compra	Concepto Deducción

Monto por Deducción ($)	Monto Total ($)

Comentarios

ᘯ InTar administrativo carne

Fecha de la Venta/Compra

Venta ☐　　Compra ☐

Identificación Animales Vendidos/Comprados

Identificación Lote	Nro. Animales Vendidos/Comprados

Kg/Lb de Carne	Nombre Comprador/Vendedor

Precio ($) por Kg/Lb	Tipo de Venta/Compra

Nro Documento Venta/Compra	Concepto Deducción

Monto por Deducción ($)	Monto Total ($)

Comentarios

Fecha de la Venta/Compra

Venta ☐   Compra ☐

Identificación Animales Vendidos/Comprados

Identificación Lote	Nro. Animales Vendidos/Comprados

Kg/Lb de Carne	Nombre Comprador/Vendedor

Precio ($) por Kg/Lb	Tipo de Venta/Compra

Nro Documento Venta/Compra	Concepto Deducción

Monto por Deducción ($)	Monto Total ($)

Comentarios

Fecha de la Venta/Compra

Venta ☐   Compra ☐

Identificación Animales Vendidos/Comprados

Identificación Lote | Nro. Animales Vendidos/Comprados

Identificación Lote	Nro. Animales Vendidos/Comprados

Kg/Lb de Carne	Nombre Comprador/Vendedor

Precio ($) por Kg/Lb	Tipo de Venta/Compra

Nro Documento Venta/Compra	Concepto Deducción

Monto por Deducción ($)	Monto Total ($)

Comentarios

Fecha de la Venta/Compra

Venta ☐   Compra ☐

Identificación Animales Vendidos/Comprados

Identificación Lote	Nro. Animales Vendidos/Comprados

Kg/Lb de Carne	Nombre Comprador/Vendedor

Precio ($) por Kg/Lb	Tipo de Venta/Compra

Nro Documento Venta/Compra	Concepto Deducción

Monto por Deducción ($)	Monto Total ($)

Comentarios

ʊ **inTar** administrativo carne

Fecha de la Venta/Compra

Venta ☐   Compra ☐

Identificación Animales Vendidos/Comprados

Identificación Lote | Nro. Animales Vendidos/Comprados

Kg/Lb de Carne | Nombre Comprador/Vendedor

Precio ($) por Kg/Lb | Tipo de Venta/Compra

Nro Documento Venta/Compra | Concepto Deducción

Monto por Deducción ($) | Monto Total ($)

Comentarios

Fecha de la Venta/Compra

Venta ☐   Compra ☐

Identificación Animales Vendidos/Comprados

Identificación Lote	Nro. Animales Vendidos/Comprados

Kg/Lb de Carne	Nombre Comprador/Vendedor

Precio ($) por Kg/Lb	Tipo de Venta/Compra

Nro Documento Venta/Compra	Concepto Deducción

Monto por Deducción ($)	Monto Total ($)

Comentarios

ᗡ **intar** administrativo carne

Fecha de la Venta/Compra

Venta ☐   Compra ☐

Identificación Animales Vendidos/Comprados

Identificación Lote	Nro. Animales Vendidos/Comprados

Kg/Lb de Carne	Nombre Comprador/Vendedor

Precio ($) por Kg/Lb	Tipo de Venta/Compra

Nro Documento Venta/Compra	Concepto Deducción

Monto por Deducción ($)	Monto Total ($)

Comentarios

Fecha de la Venta/Compra

Venta ☐   Compra ☐

Identificación Animales Vendidos/Comprados

Identificación Lote | Nro. Animales Vendidos/Comprados

Identificación Lote	Nro. Animales Vendidos/Comprados

Kg/Lb de Carne	Nombre Comprador/Vendedor

Precio ($) por Kg/Lb	Tipo de Venta/Compra

Nro Documento Venta/Compra	Concepto Deducción

Monto por Deducción ($)	Monto Total ($)

Comentarios

INTAR administrativo carne

Fecha de la Venta/Compra

Venta ☐ Compra ☐

Identificación Animales Vendidos/Comprados

Identificación Lote	Nro. Animales Vendidos/Comprados

Kg/Lb de Carne	Nombre Comprador/Vendedor

Precio ($) por Kg/Lb	Tipo de Venta/Compra

Nro Documento Venta/Compra	Concepto Deducción

Monto por Deducción ($)	Monto Total ($)

Comentarios

RESUMENES MENSUALES DE VENTAS

Mayo

Resumen mensual de venta indivual de animales

Fecha de venta	N° animales vendidos	ID Lote	Kg/Lb de carne	Comprador	Precio $ Kg/Lb	Tipo de venta	N° Documento	Concepto deducción $	Total deducción $	Total General
TOTALES										

Notas

Resumen mensual de venta lote de animales

intar administrativo carne

Fecha de venta	N° animales vendidos	ID Lote	Kg/Lb de carne	Comprador	Precio $ Kg/Lb	Tipo de venta	N° Documento	Concepto deducción $	Total deducción $	Total General
TOTALES										

Notas

RESUMENES MENSUALES DE COMPRAS

Mayo

Resumen mensual de compras individual de animales

Fecha de compra	N° animales comprados	ID Lote	Kg/Lb de carne	Vendedor	Precio $ Kg/Lb	Tipo de compra	N° Documento	Concepto deducción $	Total deducción $	Total General
TOTALES										

Notas

Resumen mensual de compras lote de animales

Vinra administrativo carne

Fecha de compra	N° animales comprados	ID Lote	Kg/Lb de carne	Vendedor	Precio $ Kg/Lb	Tipo de compra	N° Documento	Concepto deducción $	Total deducción $	Total General
TOTALES										

Notas

REGISTRO DE PESOS DE ANIMALES

Mayo

Planilla para el pesaje mensual de animales individuales | Mayo

Pesaje	Fecha	ID Animal	Categoría	ID Lote	Peso Kg/Lb	Ganancia Peso Kg/Lb/día
1						
2						
3						
4						
5						
6						
7						
8						
9						
10						
11						
12						
13						
14						
15						
16						
17						
18						
19						
20						
21						
22						
23						
24						
25						
26						
27						
28						
29						
30						
31						
32						
33						
34						
35						
36						
37						
38						
39						
40						
41						
42						
43						
44						
45						
46						
47						
48						
49						
50						
				TOTALES		
				PROMEDIO		

Planilla para el pesaje mensual de animales individuales | Mayo

Pesaje	Fecha	ID Animal	Categoría	ID Lote	Peso Kg/Lb	Ganancia Peso Kg/Lb/día
51						
52						
53						
54						
55						
56						
57						
58						
59						
60						
61						
62						
63						
64						
65						
66						
67						
68						
69						
70						
71						
72						
73						
74						
75						
76						
77						
78						
79						
80						
81						
82						
83						
84						
85						
86						
87						
88						
89						
90						
91						
92						
93						
94						
95						
96						
97						
98						
99						
100						
				TOTALES		
				PROMEDIO		

Planilla para el pesaje mensual de animales individuales | Mayo

Pesaje	Fecha	ID Animal	Categoria	ID Lote	Peso Kg/Lb	Ganancia Peso Kg/Lb/dia
101						
102						
103						
104						
105						
106						
107						
108						
109						
110						
111						
112						
113						
114						
115						
116						
117						
118						
119						
120						
121						
122						
123						
124						
125						
126						
127						
128						
129						
130						
131						
132						
133						
134						
135						
136						
137						
138						
139						
140						
141						
142						
143						
144						
145						
146						
147						
148						
149						
150						
				TOTALES		
				PROMEDIO		

Planilla para el pesaje mensual de animales individuales | Mayo

Pesaje	Fecha	ID Animal	Categoria	ID Lote	Peso Kg/Lb	Ganancia Peso Kg/Lb/dia
151						
152						
153						
154						
155						
156						
157						
158						
159						
160						
161						
162						
163						
164						
165						
166						
167						
168						
169						
170						
171						
172						
173						
174						
175						
176						
177						
178						
179						
180						
181						
182						
183						
184						
185						
186						
187						
188						
189						
190						
191						
192						
193						
194						
195						
196						
197						
198						
199						
200						
				TOTALES		
				PROMEDIO		

Planilla para el pesaje mensual de animales individuales | Mayo

Pesaje	Fecha	ID Lote	Categoría	Número de Animales	Peso Kg/Lb	Promedio Peso Kg/Lb	Ganancia Peso Kg/Lb/dia
1							
2							
3							
4							
5							
6							
7							
8							
9							
10							
11							
12							
13							
14							
15							
16							
17							
18							
19							
20							
				TOTALES			
				PROMEDIO			

Producción de carne por unidad de superficie | Mayo

Extensión o superficie Ha/Acres	Producción de carne Kg/Lb	Promedio producción superficie

Notas

Notas

VENTAS Y COMPRAS DE ANIMALES

Junio

ᗡ intar administrativo carne

Fecha de la Venta/Compra

Venta ☐   Compra ☐

Identificación Animales Vendidos/Comprados

Identificación Lote	Nro. Animales Vendidos/Comprados

Kg/Lb de Carne	Nombre Comprador/Vendedor

Precio ($) por Kg/Lb	Tipo de Venta/Compra

Nro Documento Venta/Compra	Concepto Deducción

Monto por Deducción ($)	Monto Total ($)

Comentarios

Fecha de la Venta/Compra

Venta ☐   Compra ☐

Identificación Animales Vendidos/Comprados

Identificación Lote	Nro. Animales Vendidos/Comprados

Kg/Lb de Carne	Nombre Comprador/Vendedor

Precio ($) por Kg/Lb	Tipo de Venta/Compra

Nro Documento Venta/Compra	Concepto Deducción

Monto por Deducción ($)	Monto Total ($)

Comentarios

INTAR administrativo carne

Fecha de la Venta/Compra

Venta ☐ Compra ☐

Identificación Animales Vendidos/Comprados

Identificación Lote	Nro. Animales Vendidos/Comprados

Kg/Lb de Carne	Nombre Comprador/Vendedor

Precio ($) por Kg/Lb	Tipo de Venta/Compra

Nro Documento Venta/Compra	Concepto Deducción

Monto por Deducción ($)	Monto Total ($)

Comentarios

Fecha de la Venta/Compra

Venta ☐   Compra ☐

Identificación Animales Vendidos/Comprados

Identificación Lote	Nro. Animales Vendidos/Comprados

Kg/Lb de Carne	Nombre Comprador/Vendedor

Precio ($) por Kg/Lb	Tipo de Venta/Compra

Nro Documento Venta/Compra	Concepto Deducción

Monto por Deducción ($)	Monto Total ($)

Comentarios

ᗄ ɪɴᴛᴀʀ administrativo carne

Fecha de la Venta/Compra

Venta ☐   Compra ☐

Identificación Animales Vendidos/Comprados

Identificación Lote	Nro. Animales Vendidos/Comprados

Kg/Lb de Carne	Nombre Comprador/Vendedor

Precio ($) por Kg/Lb	Tipo de Venta/Compra

Nro Documento Venta/Compra	Concepto Deducción

Monto por Deducción ($)	Monto Total ($)

Comentarios

Fecha de la Venta/Compra

Venta ☐   Compra ☐

Identificación Animales Vendidos/Comprados

Identificación Lote	Nro. Animales Vendidos/Comprados

Kg/Lb de Carne	Nombre Comprador/Vendedor

Precio (\$) por Kg/Lb	Tipo de Venta/Compra

Nro Documento Venta/Compra	Concepto Deducción

Monto por Deducción (\$)	Monto Total (\$)

Comentarios

ʊ **intar** administrativo carne

Fecha de la Venta/Compra

Venta ☐   Compra ☐

Identificación Animales Vendidos/Comprados

Identificación Lote	Nro. Animales Vendidos/Comprados

Kg/Lb de Carne	Nombre Comprador/Vendedor

Precio ($) por Kg/Lb	Tipo de Venta/Compra

Nro Documento Venta/Compra	Concepto Deducción

Monto por Deducción ($)	Monto Total ($)

Comentarios

Fecha de la Venta/Compra

Venta ☐   Compra ☐

Identificación Animales Vendidos/Comprados

Identificación Lote	Nro. Animales Vendidos/Comprados

Kg/Lb de Carne	Nombre Comprador/Vendedor

Precio ($) por Kg/Lb	Tipo de Venta/Compra

Nro Documento Venta/Compra	Concepto Deducción

Monto por Deducción ($)	Monto Total ($)

Comentarios

ᛒ **intar** administrativo carne

Fecha de la Venta/Compra

Venta ☐   Compra ☐

Identificación Animales Vendidos/Comprados

Identificación Lote	Nro. Animales Vendidos/Comprados

Kg/Lb de Carne	Nombre Comprador/Vendedor

Precio ($) por Kg/Lb	Tipo de Venta/Compra

Nro Documento Venta/Compra	Concepto Deducción

Monto por Deducción ($)	Monto Total ($)

Comentarios

Fecha de la Venta/Compra

Venta ☐   Compra ☐

Identificación Animales Vendidos/Comprados

Identificación Lote	Nro. Animales Vendidos/Comprados

Kg/Lb de Carne	Nombre Comprador/Vendedor

Precio (\$) por Kg/Lb	Tipo de Venta/Compra

Nro Documento Venta/Compra	Concepto Deducción

Monto por Deducción (\$)	Monto Total (\$)

Comentarios

ᘔ intar administrativo carne

Fecha de la Venta/Compra

Venta ☐   Compra ☐

Identificación Animales Vendidos/Comprados

Identificación Lote	Nro. Animales Vendidos/Comprados

Kg/Lb de Carne	Nombre Comprador/Vendedor

Precio ($) por Kg/Lb	Tipo de Venta/Compra

Nro Documento Venta/Compra	Concepto Deducción

Monto por Deducción ($)	Monto Total ($)

Comentarios

Fecha de la Venta/Compra

Venta ☐   Compra ☐

Identificación Animales Vendidos/Comprados

Identificación Lote	Nro. Animales Vendidos/Comprados

Kg/Lb de Carne	Nombre Comprador/Vendedor

Precio ($) por Kg/Lb	Tipo de Venta/Compra

Nro Documento Venta/Compra	Concepto Deducción

Monto por Deducción ($)	Monto Total ($)

Comentarios

ᎮINTar administrativo carne

Fecha de la Venta/Compra

Venta ☐   Compra ☐

Identificación Animales Vendidos/Comprados

Identificación Lote	Nro. Animales Vendidos/Comprados

Kg/Lb de Carne	Nombre Comprador/Vendedor

Precio ($) por Kg/Lb	Tipo de Venta/Compra

Nro Documento Venta/Compra	Concepto Deducción

Monto por Deducción ($)	Monto Total ($)

Comentarios

Fecha de la Venta/Compra

Venta ☐   Compra ☐

Identificación Animales Vendidos/Comprados

Identificación Lote	Nro. Animales Vendidos/Comprados

Kg/Lb de Carne	Nombre Comprador/Vendedor

Precio ($) por Kg/Lb	Tipo de Venta/Compra

Nro Documento Venta/Compra	Concepto Deducción

Monto por Deducción ($)	Monto Total ($)

Comentarios

♉ **intɑr** administrativo carne

Fecha de la Venta/Compra

Venta ☐   Compra ☐

Identificación Animales Vendidos/Comprados

Identificación Lote | Nro. Animales Vendidos/Comprados

Kg/Lb de Carne | Nombre Comprador/Vendedor

Precio ($) por Kg/Lb | Tipo de Venta/Compra

Nro Documento Venta/Compra | Concepto Deducción

Monto por Deducción ($) | Monto Total ($)

Comentarios

RESUMENES MENSUALES DE VENTAS

Junio

Resumen mensual de venta indivual de animales

Fecha de venta	N° animales vendidos	ID Lote	Kg/Lb de carne	Comprador	Precio $ Kg/Lb	Tipo de venta	N° Documento	Concepto deducción $	Total deducción $	Total General
TOTALES										

Notas

Resumen mensual de venta lote de animales

Fecha de venta	N° animales vendidos	ID Lote	Kg/Lb de carne	Comprador	Precio $ Kg/Lb	Tipo de venta	N° Documento	Concepto deducción $	Total deducción $	Total General
TOTALES										

Notas

RESUMENES
MENSUALES
DE COMPRAS

Junio

Resumen mensual de compras individual de animales

Fecha de compra	N° animales comprados	ID Lote	Kg/Lb de carne	Vendedor	Precio $ Kg/Lb	Tipo de compra	N° Documento	Concepto deducción $	Total deducción $	Total General
TOTALES										

Notas

Resumen mensual de compras lote de animales

Fecha de compra	N° animales comprados	ID Lote	Kg/Lb de carne	Vendedor	Precio $ Kg/Lb	Tipo de compra	N° Documento	Concepto deducción $	Total deducción $	Total General
TOTALES										

Notas

REGISTRO
DE PESOS
DE ANIMALES

Junio

Planilla para el pesaje mensual de animales individuales | Junio

Pesaje	Fecha	ID Animal	Categoria	ID Lote	Peso Kg/Lb	Ganancia Peso Kg/Lb/dia
1						
2						
3						
4						
5						
6						
7						
8						
9						
10						
11						
12						
13						
14						
15						
16						
17						
18						
19						
20						
21						
22						
23						
24						
25						
26						
27						
28						
29						
30						
31						
32						
33						
34						
35						
36						
37						
38						
39						
40						
41						
42						
43						
44						
45						
46						
47						
48						
49						
50						
				TOTALES		
				PROMEDIO		

Planilla para el pesaje mensual de animales individuales | Junio

Pesaje	Fecha	ID Animal	Categoría	ID Lote	Peso Kg/Lb	Ganancia Peso Kg/Lb/día
51						
52						
53						
54						
55						
56						
57						
58						
59						
60						
61						
62						
63						
64						
65						
66						
67						
68						
69						
70						
71						
72						
73						
74						
75						
76						
77						
78						
79						
80						
81						
82						
83						
84						
85						
86						
87						
88						
89						
90						
91						
92						
93						
94						
95						
96						
97						
98						
99						
100						
				TOTALES		
				PROMEDIO		

Planilla para el pesaje mensual de animales individuales | Junio

Pesaje	Fecha	ID Animal	Categoria	ID Lote	Peso Kg/Lb	Ganancia Peso Kg/Lb/dia
101						
102						
103						
104						
105						
106						
107						
108						
109						
110						
111						
112						
113						
114						
115						
116						
117						
118						
119						
120						
121						
122						
123						
124						
125						
126						
127						
128						
129						
130						
131						
132						
133						
134						
135						
136						
137						
138						
139						
140						
141						
142						
143						
144						
145						
146						
147						
148						
149						
150						
				TOTALES		
				PROMEDIO		

Planilla para el pesaje mensual de animales individuales | Junio

Pesaje	Fecha	ID Animal	Categoria	ID Lote	Peso Kg/Lb	Ganancia Peso Kg/Lb/dia
151						
152						
153						
154						
155						
156						
157						
158						
159						
160						
161						
162						
163						
164						
165						
166						
167						
168						
169						
170						
171						
172						
173						
174						
175						
176						
177						
178						
179						
180						
181						
182						
183						
184						
185						
186						
187						
188						
189						
190						
191						
192						
193						
194						
195						
196						
197						
198						
199						
200						
				TOTALES		
				PROMEDIO		

Planilla para el pesaje mensual de animales individuales | Junio

Pesaje	Fecha	ID Lote	Categoría	Número de Animales	Peso Kg/Lb	Promedio Peso Kg/Lb	Ganancia Peso Kg/Lb/día
1							
2							
3							
4							
5							
6							
7							
8							
9							
10							
11							
12							
13							
14							
15							
16							
17							
18							
19							
20							
				TOTALES			
				PROMEDIO			

Producción de carne por unidad de superficie | Junio

Extensión o superficie Ha/Acres	Producción de carne Kg/Lb	Promedio producción superficie

Notas

_____
_____
_____
_____
_____
_____
_____
_____
_____
_____
_____
_____
_____
_____
_____
_____
_____
_____
_____

Notas

VENTAS Y COMPRAS DE ANIMALES

Julio

ᗡ **inTar** administrativo carne

Fecha de la Venta/Compra

Venta ☐   Compra ☐

Identificación Animales Vendidos/Comprados

Identificación Lote	Nro. Animales Vendidos/Comprados

Kg/Lb de Carne	Nombre Comprador/Vendedor

Precio ($) por Kg/Lb	Tipo de Venta/Compra

Nro Documento Venta/Compra	Concepto Deducción

Monto por Deducción ($)	Monto Total ($)

Comentarios

 **intar** administrativo carne

Fecha de la Venta/Compra

Venta ☐   Compra ☐

Identificación Animales Vendidos/Comprados

Identificación Lote | Nro. Animales Vendidos/Comprados

Kg/Lb de Carne | Nombre Comprador/Vendedor

Precio ($) por Kg/Lb | Tipo de Venta/Compra

Nro Documento Venta/Compra | Concepto Deducción

Monto por Deducción ($) | Monto Total ($)

Comentarios

✡ınTar administrativo carne

Fecha de la Venta/Compra

Venta ☐   Compra ☐

Identificación Animales Vendidos/Comprados

Identificación Lote	Nro. Animales Vendidos/Comprados

Kg/Lb de Carne	Nombre Comprador/Vendedor

Precio ($) por Kg/Lb	Tipo de Venta/Compra

Nro Documento Venta/Compra	Concepto Deducción

Monto por Deducción ($)	Monto Total ($)

Comentarios

Fecha de la Venta/Compra

Venta ☐   Compra ☐

Identificación Animales Vendidos/Comprados

Identificación Lote	Nro. Animales Vendidos/Comprados

Kg/Lb de Carne	Nombre Comprador/Vendedor

Precio ($) por Kg/Lb	Tipo de Venta/Compra

Nro Documento Venta/Compra	Concepto Deducción

Monto por Deducción ($)	Monto Total ($)

Comentarios

ᕫ ɪnᴛɑr administrativo carne

Fecha de la Venta/Compra

Venta ☐　　Compra ☐

Identificación Animales Vendidos/Comprados

Identificación Lote	Nro. Animales Vendidos/Comprados

Kg/Lb de Carne	Nombre Comprador/Vendedor

Precio ($) por Kg/Lb	Tipo de Venta/Compra

Nro Documento Venta/Compra	Concepto Deducción

Monto por Deducción ($)	Monto Total ($)

Comentarios

Fecha de la Venta/Compra

Venta ☐   Compra ☐

Identificación Animales Vendidos/Comprados

Identificación Lote	Nro. Animales Vendidos/Comprados

Kg/Lb de Carne	Nombre Comprador/Vendedor

Precio ($) por Kg/Lb	Tipo de Venta/Compra

Nro Documento Venta/Compra	Concepto Deducción

Monto por Deducción ($)	Monto Total ($)

Comentarios

♉ **intar** administrativo carne

Fecha de la Venta/Compra

Venta ☐   Compra ☐

Identificación Animales Vendidos/Comprados

Identificación Lote	Nro. Animales Vendidos/Comprados

Kg/Lb de Carne	Nombre Comprador/Vendedor

Precio ($) por Kg/Lb	Tipo de Venta/Compra

Nro Documento Venta/Compra	Concepto Deducción

Monto por Deducción ($)	Monto Total ($)

Comentarios

 **inTOr** administrativo carne

Fecha de la Venta/Compra

Venta ☐   Compra ☐

Identificación Animales Vendidos/Comprados

Identificación Lote	Nro. Animales Vendidos/Comprados

Kg/Lb de Carne	Nombre Comprador/Vendedor

Precio ($) por Kg/Lb	Tipo de Venta/Compra

Nro Documento Venta/Compra	Concepto Deducción

Monto por Deducción ($)	Monto Total ($)

Comentarios

ᛩ inᴛɑr administrativo carne

Fecha de la Venta/Compra

Venta ☐   Compra ☐

Identificación Animales Vendidos/Comprados

Identificación Lote | Nro. Animales Vendidos/Comprados

Kg/Lb de Carne | Nombre Comprador/Vendedor

Precio ($) por Kg/Lb | Tipo de Venta/Compra

Nro Documento Venta/Compra | Concepto Deducción

Monto por Deducción ($) | Monto Total ($)

Comentarios

Fecha de la Venta/Compra

Venta ☐   Compra ☐

Identificación Animales Vendidos/Comprados

Identificación Lote	Nro. Animales Vendidos/Comprados

Kg/Lb de Carne	Nombre Comprador/Vendedor

Precio ($) por Kg/Lb	Tipo de Venta/Compra

Nro Documento Venta/Compra	Concepto Deducción

Monto por Deducción ($)	Monto Total ($)

Comentarios

ᘔ **INTOr** administrativo carne

Fecha de la Venta/Compra

Venta ☐   Compra ☐

Identificación Animales Vendidos/Comprados

Identificación Lote | Nro. Animales Vendidos/Comprados

Kg/Lb de Carne | Nombre Comprador/Vendedor

Precio ($) por Kg/Lb | Tipo de Venta/Compra

Nro Documento Venta/Compra | Concepto Deducción

Monto por Deducción ($) | Monto Total ($)

Comentarios

Fecha de la Venta/Compra

Venta ☐   Compra ☐

Identificación Animales Vendidos/Comprados

Identificación Lote

Nro. Animales Vendidos/Comprados

Kg/Lb de Carne

Nombre Comprador/Vendedor

Precio ($) por Kg/Lb

Tipo de Venta/Compra

Nro Documento Venta/Compra

Concepto Deducción

Monto por Deducción ($)

Monto Total ($)

Comentarios

ᙠ ınɪɑr administrativo carne

Fecha de la Venta/Compra

Venta ☐   Compra ☐

Identificación Animales Vendidos/Comprados

Identificación Lote	Nro. Animales Vendidos/Comprados

Kg/Lb de Carne	Nombre Comprador/Vendedor

Precio ($) por Kg/Lb	Tipo de Venta/Compra

Nro Documento Venta/Compra	Concepto Deducción

Monto por Deducción ($)	Monto Total ($)

Comentarios

intar administrativo carne

Fecha de la Venta/Compra

Venta ☐   Compra ☐

Identificación Animales Vendidos/Comprados

Identificación Lote	Nro. Animales Vendidos/Comprados

Kg/Lb de Carne	Nombre Comprador/Vendedor

Precio ($) por Kg/Lb	Tipo de Venta/Compra

Nro Documento Venta/Compra	Concepto Deducción

Monto por Deducción ($)	Monto Total ($)

Comentarios

ᛦ ınɪɑr administrativo carne

Fecha de la Venta/Compra

Venta ☐　　　Compra ☐

Identificación Animales Vendidos/Comprados

Identificación Lote	Nro. Animales Vendidos/Comprados

Kg/Lb de Carne	Nombre Comprador/Vendedor

Precio ($) por Kg/Lb	Tipo de Venta/Compra

Nro Documento Venta/Compra	Concepto Deducción

Monto por Deducción ($)	Monto Total ($)

Comentarios

RESUMENES MENSUALES DE VENTAS

Julio

Resumen mensual de venta indivual de animales

Fecha de venta	N° animales vendidos	ID Lote	Kg/Lb de carne	Comprador	Precio $ Kg/Lb	Tipo de venta	N° Documento	Concepto deducción $	Total deducción $	Total General
TOTALES										

Notas

Resumen mensual de venta lote de animales

Fecha de venta	N° animales vendidos	ID Lote	Kg/Lb de carne	Comprador	Precio $ Kg/Lb	Tipo de venta	N° Documento	Concepto deducción $	Total deducción $	Total General
TOTALES										

Notas

RESUMENES MENSUALES DE COMPRAS

Julio

Resumen mensual de compras individual de animales

Fecha de compra	N° animales comprados	ID Lote	Kg/Lb de carne	Vendedor	Precio $ Kg/Lb	Tipo de compra	N° Documento	Concepto deducción $	Total deducción $	Total General
TOTALES										

Notas

Resumen mensual de compras lote de animales

Fecha de compra	N° animales comprados	ID Lote	Kg/Lb de carne	Vendedor	Precio $ Kg/Lb	Tipo de compra	N° Documento	Concepto deducción $	Total deducción $	Total General
TOTALES										

Notas

REGISTRO
DE PESOS
DE ANIMALES

Julio

Planilla para el pesaje mensual de animales individuales | Julio

Pesaje	Fecha	ID Animal	Categoría	ID Lote	Peso Kg/Lb	Ganancia Peso Kg/Lb/dia
1						
2						
3						
4						
5						
6						
7						
8						
9						
10						
11						
12						
13						
14						
15						
16						
17						
18						
19						
20						
21						
22						
23						
24						
25						
26						
27						
28						
29						
30						
31						
32						
33						
34						
35						
36						
37						
38						
39						
40						
41						
42						
43						
44						
45						
46						
47						
48						
49						
50						
				TOTALES		
				PROMEDIO		

Planilla para el pesaje mensual de animales individuales | Julio

Pesaje	Fecha	ID Animal	Categoría	ID Lote	Peso Kg/Lb	Ganancia Peso Kg/Lb/día
51						
52						
53						
54						
55						
56						
57						
58						
59						
60						
61						
62						
63						
64						
65						
66						
67						
68						
69						
70						
71						
72						
73						
74						
75						
76						
77						
78						
79						
80						
81						
82						
83						
84						
85						
86						
87						
88						
89						
90						
91						
92						
93						
94						
95						
96						
97						
98						
99						
100						
				TOTALES		
				PROMEDIO		

Planilla para el pesaje mensual de animales individuales | Julio

Pesaje	Fecha	ID Animal	Categoría	ID Lote	Peso Kg/Lb	Ganancia Peso Kg/Lb/dia
101						
102						
103						
104						
105						
106						
107						
108						
109						
110						
111						
112						
113						
114						
115						
116						
117						
118						
119						
120						
121						
122						
123						
124						
125						
126						
127						
128						
129						
130						
131						
132						
133						
134						
135						
136						
137						
138						
139						
140						
141						
142						
143						
144						
145						
146						
147						
148						
149						
150						
				TOTALES		
				PROMEDIO		

Planilla para el pesaje mensual de animales individuales | Julio

Pesaje	Fecha	ID Animal	Categoria	ID Lote	Peso Kg/Lb	Ganancia Peso Kg/Lb/dia
151						
152						
153						
154						
155						
156						
157						
158						
159						
160						
161						
162						
163						
164						
165						
166						
167						
168						
169						
170						
171						
172						
173						
174						
175						
176						
177						
178						
179						
180						
181						
182						
183						
184						
185						
186						
187						
188						
189						
190						
191						
192						
193						
194						
195						
196						
197						
198						
199						
200						
				TOTALES		
				PROMEDIO		

Planilla para el pesaje mensual de animales individuales | Julio

Pesaje	Fecha	ID Lote	Categoría	Número de Animales	Peso Kg/Lb	Promedio Peso Kg/Lb	Ganancia Peso Kg/Lb/día
1							
2							
3							
4							
5							
6							
7							
8							
9							
10							
11							
12							
13							
14							
15							
16							
17							
18							
19							
20							
				TOTALES			
				PROMEDIO			

Producción de carne por unidad de superficie | Julio

Extensión o superficie Ha/Acres	Producción de carne Kg/Lb	Promedio producción superficie

Notas

_____

_____

_____

_____

_____

_____

_____

_____

_____

_____

_____

_____

_____

_____

_____

_____

_____

_____

_____

_____

_____

Notas

VENTAS Y COMPRAS DE ANIMALES

Agosto

intar administrativo carne

Fecha de la Venta/Compra

Venta ☐   Compra ☐

Identificación Animales Vendidos/Comprados

Identificación Lote	Nro. Animales Vendidos/Comprados

Kg/Lb de Carne	Nombre Comprador/Vendedor

Precio ($) por Kg/Lb	Tipo de Venta/Compra

Nro Documento Venta/Compra	Concepto Deducción

Monto por Deducción ($)	Monto Total ($)

Comentarios

 **intar** administrativo carne

Fecha de la Venta/Compra

Venta ☐ Compra ☐

Identificación Animales Vendidos/Comprados

Identificación Lote	Nro. Animales Vendidos/Comprados

Kg/Lb de Carne	Nombre Comprador/Vendedor

Precio ($) por Kg/Lb	Tipo de Venta/Compra

Nro Documento Venta/Compra	Concepto Deducción

Monto por Deducción ($)	Monto Total ($)

Comentarios

❤ Intɑr administrativo carne

Fecha de la Venta/Compra

Venta ☐   Compra ☐

Identificación Animales Vendidos/Comprados

Identificación Lote	Nro. Animales Vendidos/Comprados

Kg/Lb de Carne	Nombre Comprador/Vendedor

Precio ($) por Kg/Lb	Tipo de Venta/Compra

Nro Documento Venta/Compra	Concepto Deducción

Monto por Deducción ($)	Monto Total ($)

Comentarios

Fecha de la Venta/Compra

Venta ☐   Compra ☐

Identificación Animales Vendidos/Comprados

Identificación Lote	Nro. Animales Vendidos/Comprados

Kg/Lb de Carne	Nombre Comprador/Vendedor

Precio ($) por Kg/Lb	Tipo de Venta/Compra

Nro Documento Venta/Compra	Concepto Deducción

Monto por Deducción ($)	Monto Total ($)

Comentarios

ᄇ **inTar** administrativo carne

Fecha de la Venta/Compra

Venta ☐   Compra ☐

Identificación Animales Vendidos/Comprados

Identificación Lote	Nro. Animales Vendidos/Comprados

Kg/Lb de Carne	Nombre Comprador/Vendedor

Precio ($) por Kg/Lb	Tipo de Venta/Compra

Nro Documento Venta/Compra	Concepto Deducción

Monto por Deducción ($)	Monto Total ($)

Comentarios

Fecha de la Venta/Compra

Venta ☐   Compra ☐

Identificación Animales Vendidos/Comprados

Identificación Lote	Nro. Animales Vendidos/Comprados

Kg/Lb de Carne	Nombre Comprador/Vendedor

Precio ($) por Kg/Lb	Tipo de Venta/Compra

Nro Documento Venta/Compra	Concepto Deducción

Monto por Deducción ($)	Monto Total ($)

Comentarios

ᘻ**inƬɑr** administrativo carne

Fecha de la Venta/Compra

Venta ☐   Compra ☐

Identificación Animales Vendidos/Comprados

Identificación Lote	Nro. Animales Vendidos/Comprados

Kg/Lb de Carne	Nombre Comprador/Vendedor

Precio ($) por Kg/Lb	Tipo de Venta/Compra

Nro Documento Venta/Compra	Concepto Deducción

Monto por Deducción ($)	Monto Total ($)

Comentarios

Fecha de la Venta/Compra

Venta ☐   Compra ☐

Identificación Animales Vendidos/Comprados

Identificación Lote	Nro. Animales Vendidos/Comprados

Kg/Lb de Carne	Nombre Comprador/Vendedor

Precio ($) por Kg/Lb	Tipo de Venta/Compra

Nro Documento Venta/Compra	Concepto Deducción

Monto por Deducción ($)	Monto Total ($)

Comentarios

ᗐ ɪnʇɑr administrativo carne

Fecha de la Venta/Compra

Venta ☐   Compra ☐

Identificación Animales Vendidos/Comprados

Identificación Lote | Nro. Animales Vendidos/Comprados

Kg/Lb de Carne | Nombre Comprador/Vendedor

Precio ($) por Kg/Lb | Tipo de Venta/Compra

Nro Documento Venta/Compra | Concepto Deducción

Monto por Deducción ($) | Monto Total ($)

Comentarios

Fecha de la Venta/Compra

Venta ☐   Compra ☐

Identificación Animales Vendidos/Comprados

Identificación Lote	Nro. Animales Vendidos/Comprados

Kg/Lb de Carne	Nombre Comprador/Vendedor

Precio ($) por Kg/Lb	Tipo de Venta/Compra

Nro Documento Venta/Compra	Concepto Deducción

Monto por Deducción ($)	Monto Total ($)

Comentarios

☿ **inTar** administrativo carne

Fecha de la Venta/Compra

Venta ☐ Compra ☐

Identificación Animales Vendidos/Comprados

Identificación Lote | **Nro. Animales Vendidos/Comprados**

Kg/Lb de Carne | **Nombre Comprador/Vendedor**

Precio ($) por Kg/Lb | **Tipo de Venta/Compra**

Nro Documento Venta/Compra | **Concepto Deducción**

Monto por Deducción ($) | **Monto Total ($)**

Comentarios

Fecha de la Venta/Compra

Venta ☐   Compra ☐

Identificación Animales Vendidos/Comprados

Identificación Lote | **Nro. Animales Vendidos/Comprados**

Kg/Lb de Carne | **Nombre Comprador/Vendedor**

Precio ($) por Kg/Lb | **Tipo de Venta/Compra**

Nro Documento Venta/Compra | **Concepto Deducción**

Monto por Deducción ($) | **Monto Total ($)**

Comentarios

Fecha de la Venta/Compra

Venta ☐   Compra ☐

Identificación Animales Vendidos/Comprados

Identificación Lote	Nro. Animales Vendidos/Comprados

Kg/Lb de Carne	Nombre Comprador/Vendedor

Precio ($) por Kg/Lb	Tipo de Venta/Compra

Nro Documento Venta/Compra	Concepto Deducción

Monto por Deducción ($)	Monto Total ($)

Comentarios

 **inTar** administrativo carne

Fecha de la Venta/Compra

Venta ☐   Compra ☐

Identificación Animales Vendidos/Comprados

Identificación Lote	Nro. Animales Vendidos/Comprados

Kg/Lb de Carne	Nombre Comprador/Vendedor

Precio ($) por Kg/Lb	Tipo de Venta/Compra

Nro Documento Venta/Compra	Concepto Deducción

Monto por Deducción ($)	Monto Total ($)

Comentarios

ᕱ **intar** administrativo carne

Fecha de la Venta/Compra

Venta ☐   Compra ☐

Identificación Animales Vendidos/Comprados

Identificación Lote | Nro. Animales Vendidos/Comprados

Kg/Lb de Carne | Nombre Comprador/Vendedor

Precio ($) por Kg/Lb | Tipo de Venta/Compra

Nro Documento Venta/Compra | Concepto Deducción

Monto por Deducción ($) | Monto Total ($)

Comentarios

RESUMENES MENSUALES DE VENTAS

Agosto

Resumen mensual de venta indivual de animales

Fecha de venta	N° animales vendidos	ID Lote	Kg/Lb de carne	Comprador	Precio $ Kg/Lb	Tipo de venta	N° Documento	Concepto deducción $	Total deducción $	Total General
TOTALES										

Notas

Resumen mensual de venta lote de animales

Vintar administrativo carne

Fecha de venta	N° animales vendidos	ID Lote	Kg/Lb de carne	Comprador	Precio $ Kg/Lb	Tipo de venta	N° Documento	Concepto deducción $	Total deducción $	Total General
TOTALES										

Notas

RESUMENES MENSUALES DE COMPRAS

Agosto

Resumen mensual de compras individual de animales

Dintar administrativo carne

Fecha de compra	N.º animales comprados	ID Lote	Kg/Lb de carne	Vendedor	Precio $ Kg/Lb	Tipo de compra	N.º Documento	Concepto deducción $	Total deducción $	Total General
TOTALES										

Notas

_____

_____

_____

_____

_____

_____

_____

_____

_____

_____

_____

_____

_____

_____

_____

_____

_____

_____

_____

_____

_____

_____

_____

_____

_____

_____

_____

Resumen mensual de compras lote de animales

Vintar administrativo carne

Fecha de compra	N° animales comprados	ID Lote	Kg/Lb de carne	Vendedor	Precio $ Kg/Lb	Tipo de compra	N° Documento	Concepto deducción $	Total deducción $	Total General
TOTALES										

Notas

REGISTRO
DE PESOS
DE ANIMALES

Agosto

Planilla para el pesaje mensual de animales individuales | Agosto

Pesaje	Fecha	ID Animal	Categoría	ID Lote	Peso Kg/Lb	Ganancia Peso Kg/Lb/día
1						
2						
3						
4						
5						
6						
7						
8						
9						
10						
11						
12						
13						
14						
15						
16						
17						
18						
19						
20						
21						
22						
23						
24						
25						
26						
27						
28						
29						
30						
31						
32						
33						
34						
35						
36						
37						
38						
39						
40						
41						
42						
43						
44						
45						
46						
47						
48						
49						
50						
				TOTALES		
				PROMEDIO		

Planilla para el pesaje mensual de animales individuales | Agosto

Pesaje	Fecha	ID Animal	Categoria	ID Lote	Peso Kg/Lb	Ganancia Peso Kg/Lb/dia
51						
52						
53						
54						
55						
56						
57						
58						
59						
60						
61						
62						
63						
64						
65						
66						
67						
68						
69						
70						
71						
72						
73						
74						
75						
76						
77						
78						
79						
80						
81						
82						
83						
84						
85						
86						
87						
88						
89						
90						
91						
92						
93						
94						
95						
96						
97						
98						
99						
100						
				TOTALES		
				PROMEDIO		

Planilla para el pesaje mensual de animales individuales | Agosto

Pesaje	Fecha	ID Animal	Categoria	ID Lote	Peso Kg/Lb	Ganancia Peso Kg/Lb/dia
101						
102						
103						
104						
105						
106						
107						
108						
109						
110						
111						
112						
113						
114						
115						
116						
117						
118						
119						
120						
121						
122						
123						
124						
125						
126						
127						
128						
129						
130						
131						
132						
133						
134						
135						
136						
137						
138						
139						
140						
141						
142						
143						
144						
145						
146						
147						
148						
149						
150						
				TOTALES		
				PROMEDIO		

Planilla para el pesaje mensual de animales individuales | Agosto

Pesaje	Fecha	ID Animal	Categoria	ID Lote	Peso Kg/Lb	Ganancia Peso Kg/Lb/dia
151						
152						
153						
154						
155						
156						
157						
158						
159						
160						
161						
162						
163						
164						
165						
166						
167						
168						
169						
170						
171						
172						
173						
174						
175						
176						
177						
178						
179						
180						
181						
182						
183						
184						
185						
186						
187						
188						
189						
190						
191						
192						
193						
194						
195						
196						
197						
198						
199						
200						
				TOTALES		
				PROMEDIO		

Planilla para el pesaje mensual de animales individuales | Agosto

Pesaje	Fecha	ID Lote	Categoría	Número de Animales	Peso Kg/Lb	Promedio Peso Kg/Lb	Ganancia Peso Kg/Lb/día
1							
2							
3							
4							
5							
6							
7							
8							
9							
10							
11							
12							
13							
14							
15							
16							
17							
18							
19							
20							
				TOTALES			
				PROMEDIO			

Producción de carne por unidad de superficie | Agosto

Extensión o superficie Ha/Acres	Producción de carne Kg/Lb	Promedio producción superficie

Notas

_____

_____

_____

_____

_____

_____

_____

_____

_____

_____

_____

_____

_____

_____

_____

_____

_____

_____

Notas

VENTAS Y COMPRAS DE ANIMALES

Septiembre

✛ inTar administrativo carne

Fecha de la Venta/Compra

Venta ☐   Compra ☐

Identificación Animales Vendidos/Comprados

Identificación Lote	Nro. Animales Vendidos/Comprados

Kg/Lb de Carne	Nombre Comprador/Vendedor

Precio ($) por Kg/Lb	Tipo de Venta/Compra

Nro Documento Venta/Compra	Concepto Deducción

Monto por Deducción ($)	Monto Total ($)

Comentarios

**intar** administrativo carne

Fecha de la Venta/Compra

Venta ☐   Compra ☐

Identificación Animales Vendidos/Comprados

Identificación Lote	Nro. Animales Vendidos/Comprados

Kg/Lb de Carne	Nombre Comprador/Vendedor

Precio ($) por Kg/Lb	Tipo de Venta/Compra

Nro Documento Venta/Compra	Concepto Deducción

Monto por Deducción ($)	Monto Total ($)

Comentarios

ᏉINTAᏒ administrativo carne

Fecha de la Venta/Compra

Venta ☐   Compra ☐

Identificación Animales Vendidos/Comprados

Identificación Lote	Nro. Animales Vendidos/Comprados

Kg/Lb de Carne	Nombre Comprador/Vendedor

Precio ($) por Kg/Lb	Tipo de Venta/Compra

Nro Documento Venta/Compra	Concepto Deducción

Monto por Deducción ($)	Monto Total ($)

Comentarios

Fecha de la Venta/Compra

Venta ☐   Compra ☐

Identificación Animales Vendidos/Comprados

Identificación Lote	Nro. Animales Vendidos/Comprados

Kg/Lb de Carne	Nombre Comprador/Vendedor

Precio ($) por Kg/Lb	Tipo de Venta/Compra

Nro Documento Venta/Compra	Concepto Deducción

Monto por Deducción ($)	Monto Total ($)

Comentarios

ϑ intar administrativo carne

Fecha de la Venta/Compra

Venta ☐   Compra ☐

Identificación Animales Vendidos/Comprados

Identificación Lote	Nro. Animales Vendidos/Comprados

Kg/Lb de Carne	Nombre Comprador/Vendedor

Precio ($) por Kg/Lb	Tipo de Venta/Compra

Nro Documento Venta/Compra	Concepto Deducción

Monto por Deducción ($)	Monto Total ($)

Comentarios

 **intar** administrativo carne

Fecha de la Venta/Compra

Venta ☐   Compra ☐

Identificación Animales Vendidos/Comprados

Identificación Lote | **Nro. Animales Vendidos/Comprados**

Kg/Lb de Carne | **Nombre Comprador/Vendedor**

Precio ($) por Kg/Lb | **Tipo de Venta/Compra**

Nro Documento Venta/Compra | **Concepto Deducción**

Monto por Deducción ($) | **Monto Total ($)**

Comentarios

ᛛ **ınɪɑr** administrativo carne

Fecha de la Venta/Compra

Venta ☐   Compra ☐

Identificación Animales Vendidos/Comprados

Identificación Lote	Nro. Animales Vendidos/Comprados

Kg/Lb de Carne	Nombre Comprador/Vendedor

Precio ($) por Kg/Lb	Tipo de Venta/Compra

Nro Documento Venta/Compra	Concepto Deducción

Monto por Deducción ($)	Monto Total ($)

Comentarios

 **intar** administrativo carne

Fecha de la Venta/Compra

Venta ☐   Compra ☐

Identificación Animales Vendidos/Comprados

Identificación Lote	Nro. Animales Vendidos/Comprados

Kg/Lb de Carne	Nombre Comprador/Vendedor

Precio ($) por Kg/Lb	Tipo de Venta/Compra

Nro Documento Venta/Compra	Concepto Deducción

Monto por Deducción ($)	Monto Total ($)

Comentarios

ᯤ ınɾɑr administrativo carne

Fecha de la Venta/Compra

Venta ☐   Compra ☐

Identificación Animales Vendidos/Comprados

Identificación Lote	Nro. Animales Vendidos/Comprados

Kg/Lb de Carne	Nombre Comprador/Vendedor

Precio ($) por Kg/Lb	Tipo de Venta/Compra

Nro Documento Venta/Compra	Concepto Deducción

Monto por Deducción ($)	Monto Total ($)

Comentarios

Fecha de la Venta/Compra

Venta ☐   Compra ☐

Identificación Animales Vendidos/Comprados

Identificación Lote	Nro. Animales Vendidos/Comprados

Kg/Lb de Carne	Nombre Comprador/Vendedor

Precio ($) por Kg/Lb	Tipo de Venta/Compra

Nro Documento Venta/Compra	Concepto Deducción

Monto por Deducción ($)	Monto Total ($)

Comentarios

☼ intar administrativo carne

Fecha de la Venta/Compra

Venta ☐   Compra ☐

Identificación Animales Vendidos/Comprados

Identificación Lote | Nro. Animales Vendidos/Comprados

Kg/Lb de Carne | Nombre Comprador/Vendedor

Precio ($) por Kg/Lb | Tipo de Venta/Compra

Nro Documento Venta/Compra | Concepto Deducción

Monto por Deducción ($) | Monto Total ($)

Comentarios

Fecha de la Venta/Compra

Venta ☐   Compra ☐

Identificación Animales Vendidos/Comprados

Identificación Lote	Nro. Animales Vendidos/Comprados

Kg/Lb de Carne	Nombre Comprador/Vendedor

Precio ($) por Kg/Lb	Tipo de Venta/Compra

Nro Documento Venta/Compra	Concepto Deducción

Monto por Deducción ($)	Monto Total ($)

Comentarios

ᙎ **INTA** administrativo carne

Fecha de la Venta/Compra

Venta ☐   Compra ☐

Identificación Animales Vendidos/Comprados

Identificación Lote	Nro. Animales Vendidos/Comprados

Kg/Lb de Carne	Nombre Comprador/Vendedor

Precio ($) por Kg/Lb	Tipo de Venta/Compra

Nro Documento Venta/Compra	Concepto Deducción

Monto por Deducción ($)	Monto Total ($)

Comentarios

intar administrativo carne

Fecha de la Venta/Compra

Venta ☐   Compra ☐

Identificación Animales Vendidos/Comprados

Identificación Lote | **Nro. Animales Vendidos/Comprados**

Kg/Lb de Carne | **Nombre Comprador/Vendedor**

Precio ($) por Kg/Lb | **Tipo de Venta/Compra**

Nro Documento Venta/Compra | **Concepto Deducción**

Monto por Deducción ($) | **Monto Total ($)**

Comentarios

ᗡ Inrar administrativo carne

Fecha de la Venta/Compra

Venta ☐　　　Compra ☐

Identificación Animales Vendidos/Comprados

Identificación Lote | Nro. Animales Vendidos/Comprados

Kg/Lb de Carne | Nombre Comprador/Vendedor

Precio ($) por Kg/Lb | Tipo de Venta/Compra

Nro Documento Venta/Compra | Concepto Deducción

Monto por Deducción ($) | Monto Total ($)

Comentarios

RESUMENES MENSUALES DE VENTAS

Septiembre

Resumen mensual de venta indivual de animales

Fecha de venta	N° animales vendidos	ID Lote	Kg/Lb de carne	Comprador	Precio $ Kg/Lb	Tipo de venta	N° Documento	Concepto deducción $	Total deducción $	Total General
TOTALES										

Notas

Resumen mensual de venta lote de animales

Fecha de venta	N° animales vendidos	ID Lote	Kg/Lb de carne	Comprador	Precio $ Kg/Lb	Tipo de venta	N° Documento	Concepto deducción $	Total deducción $	Total General
TOTALES										

Notas

RESUMENES MENSUALES DE COMPRAS

Septiembre

Resumen mensual de compras individual de animales

Fecha de compra	N° animales comprados	ID Lote	Kg/Lb de carne	Vendedor	Precio $ Kg/Lb	Tipo de compra	N° Documento	Concepto deducción $	Total deducción $	Total General
TOTALES										

Notas

Resumen mensual de compras lote de animales

Fecha de compra	N° animales comprados	ID Lote	Kg/Lb de carne	Vendedor	Precio $ Kg/Lb	Tipo de compra	N° Documento	Concepto deducción $	Total deducción $	Total General
TOTALES										

Notas

REGISTRO
DE PESOS
DE ANIMALES

Septiembre

Planilla para el pesaje mensual de animales individuales | Septiembre

Pesaje	Fecha	ID Animal	Categoría	ID Lote	Peso Kg/Lb	Ganancia Peso Kg/Lb/día
1						
2						
3						
4						
5						
6						
7						
8						
9						
10						
11						
12						
13						
14						
15						
16						
17						
18						
19						
20						
21						
22						
23						
24						
25						
26						
27						
28						
29						
30						
31						
32						
33						
34						
35						
36						
37						
38						
39						
40						
41						
42						
43						
44						
45						
46						
47						
48						
49						
50						
				TOTALES		
				PROMEDIO		

Planilla para el pesaje mensual de animales individuales | Septiembre

Pesaje	Fecha	ID Animal	Categoria	ID Lote	Peso Kg/Lb	Ganancia Peso Kg/Lb/dia
51						
52						
53						
54						
55						
56						
57						
58						
59						
60						
61						
62						
63						
64						
65						
66						
67						
68						
69						
70						
71						
72						
73						
74						
75						
76						
77						
78						
79						
80						
81						
82						
83						
84						
85						
86						
87						
88						
89						
90						
91						
92						
93						
94						
95						
96						
97						
98						
99						
100						
				TOTALES		
				PROMEDIO		

Planilla para el pesaje mensual de animales individuales | Septiembre

Pesaje	Fecha	ID Animal	Categoria	ID Lote	Peso Kg/Lb	Ganancia Peso Kg/Lb/dia
101						
102						
103						
104						
105						
106						
107						
108						
109						
110						
111						
112						
113						
114						
115						
116						
117						
118						
119						
120						
121						
122						
123						
124						
125						
126						
127						
128						
129						
130						
131						
132						
133						
134						
135						
136						
137						
138						
139						
140						
141						
142						
143						
144						
145						
146						
147						
148						
149						
150						
				TOTALES		
				PROMEDIO		

Planilla para el pesaje mensual de animales individuales | Septiembre

Pesaje	Fecha	ID Animal	Categoría	ID Lote	Peso Kg/Lb	Ganancia Peso Kg/Lb/día
151						
152						
153						
154						
155						
156						
157						
158						
159						
160						
161						
162						
163						
164						
165						
166						
167						
168						
169						
170						
171						
172						
173						
174						
175						
176						
177						
178						
179						
180						
181						
182						
183						
184						
185						
186						
187						
188						
189						
190						
191						
192						
193						
194						
195						
196						
197						
198						
199						
200						
				TOTALES		
				PROMEDIO		

Planilla para el pesaje mensual de animales individuales | Septiembre

Pesaje	Fecha	ID Lote	Categoría	Número de Animales	Peso Kg/Lb	Promedio Peso Kg/Lb	Ganancia Peso Kg/Lb/día
1							
2							
3							
4							
5							
6							
7							
8							
9							
10							
11							
12							
13							
14							
15							
16							
17							
18							
19							
20							
				TOTALES			
				PROMEDIO			

Producción de carne por unidad de superficie | Septiembre

Extensión o superficie Ha/Acres	Producción de carne Kg/Lb	Promedio producción superficie

Notas

_____

_____

_____

_____

_____

_____

_____

_____

_____

_____

_____

_____

_____

_____

_____

_____

_____

_____

_____

Notas

VENTAS Y COMPRAS DE ANIMALES

Octubre

ᐁ **inTar** administrativo carne

Fecha de la Venta/Compra

Venta ☐   Compra ☐

Identificación Animales Vendidos/Comprados

Identificación Lote	Nro. Animales Vendidos/Comprados

Kg/Lb de Carne	Nombre Comprador/Vendedor

Precio ($) por Kg/Lb	Tipo de Venta/Compra

Nro Documento Venta/Compra	Concepto Deducción

Monto por Deducción ($)	Monto Total ($)

Comentarios

Fecha de la Venta/Compra

Venta ☐   Compra ☐

Identificación Animales Vendidos/Comprados

Identificación Lote	Nro. Animales Vendidos/Comprados

Kg/Lb de Carne	Nombre Comprador/Vendedor

Precio ($) por Kg/Lb	Tipo de Venta/Compra

Nro Documento Venta/Compra	Concepto Deducción

Monto por Deducción ($)	Monto Total ($)

Comentarios

ᗠ intar administrativo carne

Fecha de la Venta/Compra

Venta ☐   Compra ☐

Identificación Animales Vendidos/Comprados

Identificación Lote	Nro. Animales Vendidos/Comprados

Kg/Lb de Carne	Nombre Comprador/Vendedor

Precio ($) por Kg/Lb	Tipo de Venta/Compra

Nro Documento Venta/Compra	Concepto Deducción

Monto por Deducción ($)	Monto Total ($)

Comentarios

Fecha de la Venta/Compra

Venta ☐   Compra ☐

Identificación Animales Vendidos/Comprados

Identificación Lote

Nro. Animales Vendidos/Comprados

Kg/Lb de Carne

Nombre Comprador/Vendedor

Precio ($) por Kg/Lb

Tipo de Venta/Compra

Nro Documento Venta/Compra

Concepto Deducción

Monto por Deducción ($)

Monto Total ($)

Comentarios

ᗐ inTar administrativo carne

Fecha de la Venta/Compra

Venta ☐   Compra ☐

Identificación Animales Vendidos/Comprados

Identificación Lote	Nro. Animales Vendidos/Comprados

Kg/Lb de Carne	Nombre Comprador/Vendedor

Precio ($) por Kg/Lb	Tipo de Venta/Compra

Nro Documento Venta/Compra	Concepto Deducción

Monto por Deducción ($)	Monto Total ($)

Comentarios

 **intar** administrativo carne

Fecha de la Venta/Compra

Venta ☐   Compra ☐

Identificación Animales Vendidos/Comprados

Identificación Lote	Nro. Animales Vendidos/Comprados

Kg/Lb de Carne	Nombre Comprador/Vendedor

Precio ($) por Kg/Lb	Tipo de Venta/Compra

Nro Documento Venta/Compra	Concepto Deducción

Monto por Deducción ($)	Monto Total ($)

Comentarios

♉ **ınṭar** administrativo carne

Fecha de la Venta/Compra

Venta ☐   Compra ☐

Identificación Animales Vendidos/Comprados

Identificación Lote	Nro. Animales Vendidos/Comprados

Kg/Lb de Carne	Nombre Comprador/Vendedor

Precio ($) por Kg/Lb	Tipo de Venta/Compra

Nro Documento Venta/Compra	Concepto Deducción

Monto por Deducción ($)	Monto Total ($)

Comentarios

Fecha de la Venta/Compra

Venta ☐　　Compra ☐

Identificación Animales Vendidos/Comprados

Identificación Lote	Nro. Animales Vendidos/Comprados

Kg/Lb de Carne	Nombre Comprador/Vendedor

Precio ($) por Kg/Lb	Tipo de Venta/Compra

Nro Documento Venta/Compra	Concepto Deducción

Monto por Deducción ($)	Monto Total ($)

Comentarios

ᗡ **intar** administrativo carne

Fecha de la Venta/Compra

Venta ☐   Compra ☐

Identificación Animales Vendidos/Comprados

Identificación Lote	Nro. Animales Vendidos/Comprados

Kg/Lb de Carne	Nombre Comprador/Vendedor

Precio ($) por Kg/Lb	Tipo de Venta/Compra

Nro Documento Venta/Compra	Concepto Deducción

Monto por Deducción ($)	Monto Total ($)

Comentarios

 **intar** administrativo carne

Fecha de la Venta/Compra

Venta ☐   Compra ☐

Identificación Animales Vendidos/Comprados

Identificación Lote	Nro. Animales Vendidos/Comprados

Kg/Lb de Carne	Nombre Comprador/Vendedor

Precio ($) por Kg/Lb	Tipo de Venta/Compra

Nro Documento Venta/Compra	Concepto Deducción

Monto por Deducción ($)	Monto Total ($)

Comentarios

ఠ inTar administrativo carne

Fecha de la Venta/Compra

Venta ☐   Compra ☐

Identificación Animales Vendidos/Comprados

Identificación Lote | Nro. Animales Vendidos/Comprados

Kg/Lb de Carne | Nombre Comprador/Vendedor

Precio ($) por Kg/Lb | Tipo de Venta/Compra

Nro Documento Venta/Compra | Concepto Deducción

Monto por Deducción ($) | Monto Total ($)

Comentarios

INTAR administrativo carne

Fecha de la Venta/Compra

Venta ☐ Compra ☐

Identificación Animales Vendidos/Comprados

Identificación Lote	Nro. Animales Vendidos/Comprados

Kg/Lb de Carne	Nombre Comprador/Vendedor

Precio ($) por Kg/Lb	Tipo de Venta/Compra

Nro Documento Venta/Compra	Concepto Deducción

Monto por Deducción ($)	Monto Total ($)

Comentarios

ᛦ INTOr administrativo carne

Fecha de la Venta/Compra

Venta ☐   Compra ☐

Identificación Animales Vendidos/Comprados

Identificación Lote	Nro. Animales Vendidos/Comprados

Kg/Lb de Carne	Nombre Comprador/Vendedor

Precio ($) por Kg/Lb	Tipo de Venta/Compra

Nro Documento Venta/Compra	Concepto Deducción

Monto por Deducción ($)	Monto Total ($)

Comentarios

Fecha de la Venta/Compra

Venta ☐　　Compra ☐

Identificación Animales Vendidos/Comprados

Identificación Lote	Nro. Animales Vendidos/Comprados

Kg/Lb de Carne	Nombre Comprador/Vendedor

Precio ($) por Kg/Lb	Tipo de Venta/Compra

Nro Documento Venta/Compra	Concepto Deducción

Monto por Deducción ($)	Monto Total ($)

Comentarios

Fecha de la Venta/Compra

Venta ☐   Compra ☐

Identificación Animales Vendidos/Comprados

Identificación Lote | Nro. Animales Vendidos/Comprados

Identificación Lote	Nro. Animales Vendidos/Comprados

Kg/Lb de Carne	Nombre Comprador/Vendedor

Precio ($) por Kg/Lb	Tipo de Venta/Compra

Nro Documento Venta/Compra	Concepto Deducción

Monto por Deducción ($)	Monto Total ($)

Comentarios

RESUMENES
MENSUALES
DE VENTAS

Octubre

Resumen mensual de venta indivual de animales

Fecha de venta	N° animales vendidos	ID Lote	Kg/Lb de carne	Comprador	Precio $ kg/Lb	Tipo de venta	N° Documento	Concepto deducción $	Total deducción $	Total General
TOTALES										

Notas

Resumen mensual de venta lote de animales

ᗰintar administrativo carne

Fecha de venta	N° animales vendidos	ID Lote	Kg/Lb de carne	Comprador	Precio $ Kg/Lb	Tipo de venta	N° Documento	Concepto deducción $	Total deducción $	Total General
TOTALES										

Notas

RESUMENES MENSUALES DE COMPRAS

Octubre

Resumen mensual de compras individual de animales

Vintar administrativo carne

Fecha de compra	N° animales comprados	ID Lote	Kg/Lb de carne	Vendedor	Precio $ Kg/Lb	Tipo de compra	N° Documento	Concepto deducción $	Total deducción $	Total General
TOTALES										

Notas

Resumen mensual de compras lote de animales

Vinrar administrativo carne

Fecha de compra	N° animales comprados	ID Lote	Kg/Lb de carne	Vendedor	Precio $ Kg/Lb	Tipo de compra	N° Documento	Concepto deducción $	Total deducción $	Total General
TOTALES										

Notas

REGISTRO
DE PESOS
DE ANIMALES

Octubre

Planilla para el pesaje mensual de animales individuales | Octubre

Pesaje	Fecha	ID Animal	Categoría	ID Lote	Peso Kg/Lb	Ganancia Peso Kg/Lb/día
1						
2						
3						
4						
5						
6						
7						
8						
9						
10						
11						
12						
13						
14						
15						
16						
17						
18						
19						
20						
21						
22						
23						
24						
25						
26						
27						
28						
29						
30						
31						
32						
33						
34						
35						
36						
37						
38						
39						
40						
41						
42						
43						
44						
45						
46						
47						
48						
49						
50						
				TOTALES		
				PROMEDIO		

Planilla para el pesaje mensual de animales individuales | Octubre

Pesaje	Fecha	ID Animal	Categoria	ID Lote	Peso Kg/Lb	Ganancia Peso Kg/Lb/día
51						
52						
53						
54						
55						
56						
57						
58						
59						
60						
61						
62						
63						
64						
65						
66						
67						
68						
69						
70						
71						
72						
73						
74						
75						
76						
77						
78						
79						
80						
81						
82						
83						
84						
85						
86						
87						
88						
89						
90						
91						
92						
93						
94						
95						
96						
97						
98						
99						
100						
				TOTALES		
				PROMEDIO		

Planilla para el pesaje mensual de animales individuales | Octubre

Pesaje	Fecha	ID Animal	Categoria	ID Lote	Peso Kg/Lb	Ganancia Peso Kg/Lb/dia
101						
102						
103						
104						
105						
106						
107						
108						
109						
110						
111						
112						
113						
114						
115						
116						
117						
118						
119						
120						
121						
122						
123						
124						
125						
126						
127						
128						
129						
130						
131						
132						
133						
134						
135						
136						
137						
138						
139						
140						
141						
142						
143						
144						
145						
146						
147						
148						
149						
150						
				TOTALES		
				PROMEDIO		

Planilla para el pesaje mensual de animales individuales | Octubre

Pesaje	Fecha	ID Animal	Categoría	ID Lote	Peso Kg/Lb	Ganancia Peso Kg/Lb/día
151						
152						
153						
154						
155						
156						
157						
158						
159						
160						
161						
162						
163						
164						
165						
166						
167						
168						
169						
170						
171						
172						
173						
174						
175						
176						
177						
178						
179						
180						
181						
182						
183						
184						
185						
186						
187						
188						
189						
190						
191						
192						
193						
194						
195						
196						
197						
198						
199						
200						
				TOTALES		
				PROMEDIO		

Planilla para el pesaje mensual de animales individuales | Octubre

Pesaje	Fecha	ID Lote	Categoría	Número de Animales	Peso Kg/Lb	Promedio Peso Kg/Lb	Ganancia Peso Kg/Lb/día
1							
2							
3							
4							
5							
6							
7							
8							
9							
10							
11							
12							
13							
14							
15							
16							
17							
18							
19							
20							
				TOTALES			
				PROMEDIO			

Producción de carne por unidad de superficie | Octubre

Extensión o superficie Ha/Acres	Producción de carne Kg/Lb	Promedio producción superficie

Notas

_____
_____
_____
_____
_____
_____
_____
_____
_____
_____
_____
_____
_____
_____
_____
_____
_____
_____
_____
_____
_____

Notas

VENTAS Y COMPRAS DE ANIMALES

Noviembre

Fecha de la Venta/Compra

Venta ☐   Compra ☐

Identificación Animales Vendidos/Comprados

Identificación Lote | Nro. Animales Vendidos/Comprados

Kg/Lb de Carne | Nombre Comprador/Vendedor

Precio ($) por Kg/Lb | Tipo de Venta/Compra

Nro Documento Venta/Compra | Concepto Deducción

Monto por Deducción ($) | Monto Total ($)

Comentarios

Fecha de la Venta/Compra

Venta ☐   Compra ☐

Identificación Animales Vendidos/Comprados

Identificación Lote | Nro. Animales Vendidos/Comprados

Kg/Lb de Carne | Nombre Comprador/Vendedor

Precio ($) por Kg/Lb | Tipo de Venta/Compra

Nro Documento Venta/Compra | Concepto Deducción

Monto por Deducción ($) | Monto Total ($)

Comentarios

ᛟ Intar administrativo carne

Fecha de la Venta/Compra

Venta ☐   Compra ☐

Identificación Animales Vendidos/Comprados

Identificación Lote	Nro. Animales Vendidos/Comprados

Kg/Lb de Carne	Nombre Comprador/Vendedor

Precio ($) por Kg/Lb	Tipo de Venta/Compra

Nro Documento Venta/Compra	Concepto Deducción

Monto por Deducción ($)	Monto Total ($)

Comentarios

 **intar** administrativo carne

Fecha de la Venta/Compra

Venta ☐   Compra ☐

Identificación Animales Vendidos/Comprados

Identificación Lote | Nro. Animales Vendidos/Comprados

Kg/Lb de Carne | Nombre Comprador/Vendedor

Precio ($) por Kg/Lb | Tipo de Venta/Compra

Nro Documento Venta/Compra | Concepto Deducción

Monto por Deducción ($) | Monto Total ($)

Comentarios

ỿ **ınтɑr** administrativo carne

Fecha de la Venta/Compra

Venta ☐   Compra ☐

Identificación Animales Vendidos/Comprados

Identificación Lote	Nro. Animales Vendidos/Comprados

Kg/Lb de Carne	Nombre Comprador/Vendedor

Precio ($) por Kg/Lb	Tipo de Venta/Compra

Nro Documento Venta/Compra	Concepto Deducción

Monto por Deducción ($)	Monto Total ($)

Comentarios

Fecha de la Venta/Compra

Venta ☐   Compra ☐

Identificación Animales Vendidos/Comprados

Identificación Lote | Nro. Animales Vendidos/Comprados

Kg/Lb de Carne | Nombre Comprador/Vendedor

Precio ($) por Kg/Lb | Tipo de Venta/Compra

Nro Documento Venta/Compra | Concepto Deducción

Monto por Deducción ($) | Monto Total ($)

Comentarios

♉ inTar administrativo carne

Fecha de la Venta/Compra

Venta ☐   Compra ☐

Identificación Animales Vendidos/Comprados

Identificación Lote | Nro. Animales Vendidos/Comprados

Kg/Lb de Carne | Nombre Comprador/Vendedor

Precio ($) por Kg/Lb | Tipo de Venta/Compra

Nro Documento Venta/Compra | Concepto Deducción

Monto por Deducción ($) | Monto Total ($)

Comentarios

Fecha de la Venta/Compra

Venta ☐   Compra ☐

Identificación Animales Vendidos/Comprados

Identificación Lote | Nro. Animales Vendidos/Comprados

Kg/Lb de Carne | Nombre Comprador/Vendedor

Precio ($) por Kg/Lb | Tipo de Venta/Compra

Nro Documento Venta/Compra | Concepto Deducción

Monto por Deducción ($) | Monto Total ($)

Comentarios

ᚢ **intar** administrativo carne

Fecha de la Venta/Compra

Venta ☐   Compra ☐

Identificación Animales Vendidos/Comprados

Identificación Lote	Nro. Animales Vendidos/Comprados

Kg/Lb de Carne	Nombre Comprador/Vendedor

Precio ($) por Kg/Lb	Tipo de Venta/Compra

Nro Documento Venta/Compra	Concepto Deducción

Monto por Deducción ($)	Monto Total ($)

Comentarios

Fecha de la Venta/Compra

Venta ☐   Compra ☐

Identificación Animales Vendidos/Comprados

Identificación Lote | **Nro. Animales Vendidos/Comprados**

Kg/Lb de Carne | **Nombre Comprador/Vendedor**

Precio ($) por Kg/Lb | **Tipo de Venta/Compra**

Nro Documento Venta/Compra | **Concepto Deducción**

Monto por Deducción ($) | **Monto Total ($)**

Comentarios

♉ inTar administrativo carne

Fecha de la Venta/Compra

Venta ☐   Compra ☐

Identificación Animales Vendidos/Comprados

Identificación Lote | Nro. Animales Vendidos/Comprados

Kg/Lb de Carne | Nombre Comprador/Vendedor

Precio ($) por Kg/Lb | Tipo de Venta/Compra

Nro Documento Venta/Compra | Concepto Deducción

Monto por Deducción ($) | Monto Total ($)

Comentarios

Fecha de la Venta/Compra

Venta ☐   Compra ☐

Identificación Animales Vendidos/Comprados

Identificación Lote	**Nro. Animales Vendidos/Comprados**

Kg/Lb de Carne	**Nombre Comprador/Vendedor**

Precio ($) por Kg/Lb	**Tipo de Venta/Compra**

Nro Documento Venta/Compra	**Concepto Deducción**

Monto por Deducción ($)	**Monto Total ($)**

Comentarios

ᄇ INTAᴦ administrativo carne

Fecha de la Venta/Compra

Venta ☐   Compra ☐

Identificación Animales Vendidos/Comprados

Identificación Lote	Nro. Animales Vendidos/Comprados

Kg/Lb de Carne	Nombre Comprador/Vendedor

Precio ($) por Kg/Lb	Tipo de Venta/Compra

Nro Documento Venta/Compra	Concepto Deducción

Monto por Deducción ($)	Monto Total ($)

Comentarios

intar administrativo carne

Fecha de la Venta/Compra

Venta ☐   Compra ☐

Identificación Animales Vendidos/Comprados

Identificación Lote | Nro. Animales Vendidos/Comprados

Kg/Lb de Carne | Nombre Comprador/Vendedor

Precio ($) por Kg/Lb | Tipo de Venta/Compra

Nro Documento Venta/Compra | Concepto Deducción

Monto por Deducción ($) | Monto Total ($)

Comentarios

❤️ intar administrativo carne

Fecha de la Venta/Compra

Venta ☐   Compra ☐

Identificación Animales Vendidos/Comprados

Identificación Lote	Nro. Animales Vendidos/Comprados

Kg/Lb de Carne	Nombre Comprador/Vendedor

Precio ($) por Kg/Lb	Tipo de Venta/Compra

Nro Documento Venta/Compra	Concepto Deducción

Monto por Deducción ($)	Monto Total ($)

Comentarios

RESUMENES MENSUALES DE VENTAS

Noviembre

Resumen mensual de venta indivual de animales

@ intar administrativo carne

Fecha de venta	N° animales vendidos	ID Lote	Kg/Lb de carne	Comprador	Precio $ Kg/Lb	Tipo de venta	N° Documento	Concepto deducción $	Total deducción $	Total General
TOTALES										

Notas

Resumen mensual de venta lote de animales

ʋintar administrativo carne

Fecha de venta	N° animales vendidos	ID Lote	Kg/Lb de carne	Comprador	Precio $ Kg/Lb	Tipo de venta	N° Documento	Concepto deducción $	Total deducción $	Total General
TOTALES										

Notas

RESUMENES MENSUALES DE COMPRAS

Noviembre

Resumen mensual de compras individual de animales

Fecha de compra	N° animales comprados	ID Lote	Kg/Lb de carne	Vendedor	Precio $ Kg/Lb	Tipo de compra	N° Documento	Concepto deducción $	Total deducción $	Total General
TOTALES										

Notas

Resumen mensual de compras lote de animales

vimar administrativo carne

Fecha de compra	N° animales comprados	ID Lote	Kg/Lb de carne	Vendedor	Precio $ Kg/Lb	Tipo de compra	N° Documento	Concepto deducción $	Total deducción $	Total General
TOTALES										

Notas

REGISTRO
DE PESOS
DE ANIMALES

Noviembre

Planilla para el pesaje mensual de animales individuales | Noviembre

Pesaje	Fecha	ID Animal	Categoria	ID Lote	Peso Kg/Lb	Ganancia Peso Kg/Lb/día
1						
2						
3						
4						
5						
6						
7						
8						
9						
10						
11						
12						
13						
14						
15						
16						
17						
18						
19						
20						
21						
22						
23						
24						
25						
26						
27						
28						
29						
30						
31						
32						
33						
34						
35						
36						
37						
38						
39						
40						
41						
42						
43						
44						
45						
46						
47						
48						
49						
50						
				TOTALES		
				PROMEDIO		

Planilla para el pesaje mensual de animales individuales | Noviembre

Pesaje	Fecha	ID Animal	Categoría	ID Lote	Peso Kg/Lb	Ganancia Peso Kg/Lb/día
51						
52						
53						
54						
55						
56						
57						
58						
59						
60						
61						
62						
63						
64						
65						
66						
67						
68						
69						
70						
71						
72						
73						
74						
75						
76						
77						
78						
79						
80						
81						
82						
83						
84						
85						
86						
87						
88						
89						
90						
91						
92						
93						
94						
95						
96						
97						
98						
99						
100						
				TOTALES		
				PROMEDIO		

Planilla para el pesaje mensual de animales individuales | Noviembre

Pesaje	Fecha	ID Animal	Categoría	ID Lote	Peso Kg/Lb	Ganancia Peso Kg/Lb/día
101						
102						
103						
104						
105						
106						
107						
108						
109						
110						
111						
112						
113						
114						
115						
116						
117						
118						
119						
120						
121						
122						
123						
124						
125						
126						
127						
128						
129						
130						
131						
132						
133						
134						
135						
136						
137						
138						
139						
140						
141						
142						
143						
144						
145						
146						
147						
148						
149						
150						
				TOTALES		
				PROMEDIO		

Planilla para el pesaje mensual de animales individuales | Noviembre

Pesaje	Fecha	ID Animal	Categoria	ID Lote	Peso Kg/Lb	Ganancia Peso Kg/Lb/dia
151						
152						
153						
154						
155						
156						
157						
158						
159						
160						
161						
162						
163						
164						
165						
166						
167						
168						
169						
170						
171						
172						
173						
174						
175						
176						
177						
178						
179						
180						
181						
182						
183						
184						
185						
186						
187						
188						
189						
190						
191						
192						
193						
194						
195						
196						
197						
198						
199						
200						
				TOTALES		
				PROMEDIO		

Planilla para el pesaje mensual de animales individuales | Noviembre

Pesaje	Fecha	ID Lote	Categoría	Número de Animales	Peso Kg/Lb	Promedio Peso Kg/Lb	Ganancia Peso Kg/Lb/día
1							
2							
3							
4							
5							
6							
7							
8							
9							
10							
11							
12							
13							
14							
15							
16							
17							
18							
19							
20							
				TOTALES			
				PROMEDIO			

Producción de carne por unidad de superficie | Noviembre

Extensión o superficie Ha/Acres	Producción de carne Kg/Lb	Promedio producción superficie

Notas

_____
_____
_____
_____
_____
_____
_____
_____
_____
_____
_____
_____
_____
_____
_____
_____
_____
_____
_____
_____
_____

Notas

VENTAS Y COMPRAS DE ANIMALES

Diciembre

ᐁ intor administrativo carne

Fecha de la Venta/Compra

Venta ☐   Compra ☐

Identificación Animales Vendidos/Comprados

Identificación Lote	Nro. Animales Vendidos/Comprados

Kg/Lb de Carne	Nombre Comprador/Vendedor

Precio ($) por Kg/Lb	Tipo de Venta/Compra

Nro Documento Venta/Compra	Concepto Deducción

Monto por Deducción ($)	Monto Total ($)

Comentarios

Fecha de la Venta/Compra

Venta ☐   Compra ☐

Identificación Animales Vendidos/Comprados

Identificación Lote	Nro. Animales Vendidos/Comprados

Kg/Lb de Carne	Nombre Comprador/Vendedor

Precio ($) por Kg/Lb	Tipo de Venta/Compra

Nro Documento Venta/Compra	Concepto Deducción

Monto por Deducción ($)	Monto Total ($)

Comentarios

ᎆ Intar administrativo carne

Fecha de la Venta/Compra

Venta ☐   Compra ☐

Identificación Animales Vendidos/Comprados

Identificación Lote | Nro. Animales Vendidos/Comprados

Kg/Lb de Carne | Nombre Comprador/Vendedor

Precio ($) por Kg/Lb | Tipo de Venta/Compra

Nro Documento Venta/Compra | Concepto Deducción

Monto por Deducción ($) | Monto Total ($)

Comentarios

Fecha de la Venta/Compra

Venta ☐ Compra ☐

Identificación Animales Vendidos/Comprados

Identificación Lote	Nro. Animales Vendidos/Comprados

Kg/Lb de Carne	Nombre Comprador/Vendedor

Precio ($) por Kg/Lb	Tipo de Venta/Compra

Nro Documento Venta/Compra	Concepto Deducción

Monto por Deducción ($)	Monto Total ($)

Comentarios

ᖗ intar administrativo carne

Fecha de la Venta/Compra

Venta ☐   Compra ☐

Identificación Animales Vendidos/Comprados

Identificación Lote	Nro. Animales Vendidos/Comprados

Kg/Lb de Carne	Nombre Comprador/Vendedor

Precio ($) por Kg/Lb	Tipo de Venta/Compra

Nro Documento Venta/Compra	Concepto Deducción

Monto por Deducción ($)	Monto Total ($)

Comentarios

Fecha de la Venta/Compra

Venta ☐   Compra ☐

Identificación Animales Vendidos/Comprados

Identificación Lote

Nro. Animales Vendidos/Comprados

Kg/Lb de Carne

Nombre Comprador/Vendedor

Precio ($) por Kg/Lb

Tipo de Venta/Compra

Nro Documento Venta/Compra

Concepto Deducción

Monto por Deducción ($)

Monto Total ($)

Comentarios

ᵗ⁷ INTOF administrativo carne

Fecha de la Venta/Compra

Venta ☐   Compra ☐

Identificación Animales Vendidos/Comprados

Identificación Lote	Nro. Animales Vendidos/Comprados

Kg/Lb de Carne	Nombre Comprador/Vendedor

Precio ($) por Kg/Lb	Tipo de Venta/Compra

Nro Documento Venta/Compra	Concepto Deducción

Monto por Deducción ($)	Monto Total ($)

Comentarios

Fecha de la Venta/Compra

Venta ☐   Compra ☐

Identificación Animales Vendidos/Comprados

Identificación Lote	Nro. Animales Vendidos/Comprados

Kg/Lb de Carne	Nombre Comprador/Vendedor

Precio ($) por Kg/Lb	Tipo de Venta/Compra

Nro Documento Venta/Compra	Concepto Deducción

Monto por Deducción ($)	Monto Total ($)

Comentarios

ʊ ınтɑr administrativo carne

Fecha de la Venta/Compra

Venta ☐   Compra ☐

Identificación Animales Vendidos/Comprados

Identificación Lote	Nro. Animales Vendidos/Comprados

Kg/Lb de Carne	Nombre Comprador/Vendedor

Precio ($) por Kg/Lb	Tipo de Venta/Compra

Nro Documento Venta/Compra	Concepto Deducción

Monto por Deducción ($)	Monto Total ($)

Comentarios

Fecha de la Venta/Compra

Venta ☐   Compra ☐

Identificación Animales Vendidos/Comprados

Identificación Lote	Nro. Animales Vendidos/Comprados

Kg/Lb de Carne	Nombre Comprador/Vendedor

Precio ($) por Kg/Lb	Tipo de Venta/Compra

Nro Documento Venta/Compra	Concepto Deducción

Monto por Deducción ($)	Monto Total ($)

Comentarios

ᛑ **Intar** administrativo carne

Fecha de la Venta/Compra

Venta ☐   Compra ☐

Identificación Animales Vendidos/Comprados

Identificación Lote	Nro. Animales Vendidos/Comprados

Kg/Lb de Carne	Nombre Comprador/Vendedor

Precio ($) por Kg/Lb	Tipo de Venta/Compra

Nro Documento Venta/Compra	Concepto Deducción

Monto por Deducción ($)	Monto Total ($)

Comentarios

Fecha de la Venta/Compra

Venta ☐   Compra ☐

Identificación Animales Vendidos/Comprados

Identificación Lote	Nro. Animales Vendidos/Comprados

Kg/Lb de Carne	Nombre Comprador/Vendedor

Precio ($) por Kg/Lb	Tipo de Venta/Compra

Nro Documento Venta/Compra	Concepto Deducción

Monto por Deducción ($)	Monto Total ($)

Comentarios

ᗑ INTOF administrativo carne

Fecha de la Venta/Compra

Venta ☐   Compra ☐

Identificación Animales Vendidos/Comprados

Identificación Lote | Nro. Animales Vendidos/Comprados

Kg/Lb de Carne | Nombre Comprador/Vendedor

Precio ($) por Kg/Lb | Tipo de Venta/Compra

Nro Documento Venta/Compra | Concepto Deducción

Monto por Deducción ($) | Monto Total ($)

Comentarios

ᏉInTOr administrativo carne

Fecha de la Venta/Compra

Venta ☐   Compra ☐

Identificación Animales Vendidos/Comprados

Identificación Lote	Nro. Animales Vendidos/Comprados

Kg/Lb de Carne	Nombre Comprador/Vendedor

Precio ($) por Kg/Lb	Tipo de Venta/Compra

Nro Documento Venta/Compra	Concepto Deducción

Monto por Deducción ($)	Monto Total ($)

Comentarios

ᒚ INTGr administrativo carne

Fecha de la Venta/Compra

Venta ☐   Compra ☐

Identificación Animales Vendidos/Comprados

Identificación Lote	Nro. Animales Vendidos/Comprados

Kg/Lb de Carne	Nombre Comprador/Vendedor

Precio ($) por Kg/Lb	Tipo de Venta/Compra

Nro Documento Venta/Compra	Concepto Deducción

Monto por Deducción ($)	Monto Total ($)

Comentarios

RESUMENES MENSUALES DE VENTAS

Diciembre

Resumen mensual de venta indivual de animales

Fecha de venta	N°animales vendidos	ID Lote	Kg/Lb de carne	Comprador	Precio $ Kg/Lb	Tipo de venta	N° Documento	Concepto deducción $	Total deducción $	Total General
TOTALES										

Notas

Resumen mensual de venta lote de animales

Ʌintar administrativo carne

Fecha de venta	N° animales vendidos	ID Lote	Kg/Lb de carne	Comprador	Precio $ Kg/Lb	Tipo de venta	N° Documento	Concepto deducción $	Total deducción $	Total General
TOTALES										

Notas

RESUMENES MENSUALES DE COMPRAS

Diciembre

Resumen mensual de compras individual de animales

Fecha de compra	N° animales comprados	ID Lote	Kg/Lb de carne	Vendedor	Precio $ Kg/Lb	Tipo de compra	N° Documento	Concepto deducción $	Total deducción $	Total General
TOTALES										

Notas

Resumen mensual de compras lote de animales

Fecha de compra	N° animales comprados	ID Lote	Kg/Lb de carne	Vendedor	Precio $ Kg/Lb	Tipo de compra	N° Documento	Concepto deducción $	Total deducción $	Total General
TOTALES										

Notas

REGISTRO
DE PESOS
DE ANIMALES

Diciembre

Planilla para el pesaje mensual de animales individuales | Diciembre

Pesaje	Fecha	ID Animal	Categoría	ID Lote	Peso Kg/Lb	Ganancia Peso Kg/Lb/día
1						
2						
3						
4						
5						
6						
7						
8						
9						
10						
11						
12						
13						
14						
15						
16						
17						
18						
19						
20						
21						
22						
23						
24						
25						
26						
27						
28						
29						
30						
31						
32						
33						
34						
35						
36						
37						
38						
39						
40						
41						
42						
43						
44						
45						
46						
47						
48						
49						
50						
				TOTALES		
				PROMEDIO		

Planilla para el pesaje mensual de animales individuales | Diciembre

Pesaje	Fecha	ID Animal	Categoria	ID Lote	Peso Kg/Lb	Ganancia Peso Kg/Lb/dia
51						
52						
53						
54						
55						
56						
57						
58						
59						
60						
61						
62						
63						
64						
65						
66						
67						
68						
69						
70						
71						
72						
73						
74						
75						
76						
77						
78						
79						
80						
81						
82						
83						
84						
85						
86						
87						
88						
89						
90						
91						
92						
93						
94						
95						
96						
97						
98						
99						
100						
				TOTALES		
				PROMEDIO		

Planilla para el pesaje mensual de animales individuales | Diciembre

Pesaje	Fecha	ID Animal	Categoria	ID Lote	Peso Kg/Lb	Ganancia Peso Kg/Lb/dia
101						
102						
103						
104						
105						
106						
107						
108						
109						
110						
111						
112						
113						
114						
115						
116						
117						
118						
119						
120						
121						
122						
123						
124						
125						
126						
127						
128						
129						
130						
131						
132						
133						
134						
135						
136						
137						
138						
139						
140						
141						
142						
143						
144						
145						
146						
147						
148						
149						
150						
				TOTALES		
				PROMEDIO		

Planilla para el pesaje mensual de animales individuales | Diciembre

Pesaje	Fecha	ID Animal	Categoria	ID Lote	Peso Kg/Lb	Ganancia Peso Kg/Lb/dia
151						
152						
153						
154						
155						
156						
157						
158						
159						
160						
161						
162						
163						
164						
165						
166						
167						
168						
169						
170						
171						
172						
173						
174						
175						
176						
177						
178						
179						
180						
181						
182						
183						
184						
185						
186						
187						
188						
189						
190						
191						
192						
193						
194						
195						
196						
197						
198						
199						
200						
				TOTALES		
				PROMEDIO		

Planilla para el pesaje mensual de animales individuales | Diciembre

Pesaje	Fecha	ID Lote	Categoria	Número de Animales	Peso Kg/Lb	Promedio Peso Kg/Lb	Ganancia Peso Kg/Lb/día
1							
2							
3							
4							
5							
6							
7							
8							
9							
10							
11							
12							
13							
14							
15							
16							
17							
18							
19							
20							
				TOTALES			
				PROMEDIO			

Producción de carne por unidad de superficie | Diciembre

Extensión o superficie Ha/Acres	Producción de carne Kg/Lb	Promedio producción superficie

Notas

_____

_____

_____

_____

_____

_____

_____

_____

_____

_____

_____

_____

_____

_____

_____

_____

_____

_____

_____

_____

Notas

Resúmenes
Anuales

Resumen anual de ventas individuales de animales

Mes	Kg/Lb carne vendidos	Total Deducciones $	Total General $
Enero			
Febrero			
Marzo			
Abril			
Mayo			
Junio			
Julio			
Agosto			
Septiembre			
Octubre			
Noviembre			
Diciembre			
Totales			

Resumen anual de ventas de animales por lotes

Mes	Número de animales	Kg/Lb carne vendidos	Total Deducciones $	Total General $
Enero				
Febrero				
Marzo				
Abril				
Mayo				
Junio				
Julio				
Agosto				
Septiembre				
Octubre				
Noviembre				
Diciembre				
Totales				

Resumen anual de compras individuales de animales

Mes	Número de animales	Kg/Lb carne comprados	Total Deducciones $	Total General $
Enero				
Febrero				
Marzo				
Abril				
Mayo				
Junio				
Julio				
Agosto				
Septiembre				
Octubre				
Noviembre				
Diciembre				
Totales				

Resumen anual de compras de animales por lotes

Mes	Número de animales	Kg/Lb carne comprados	Total Deducciones $	Total General $
Enero				
Febrero				
Marzo				
Abril				
Mayo				
Junio				
Julio				
Agosto				
Septiembre				
Octubre				
Noviembre				
Diciembre				
Totales				

Resumen anual pesaje individual de animales

Mes	Total general Kg/Lb	Promedio ganancia peso/día
Enero		
Febrero		
Marzo		
Abril		
Mayo		
Junio		
Julio		
Agosto		
Septiembre		
Octubre		
Noviembre		
Diciembre		
Totales		

Resumen anual pesaje de animales por lote

Mes	Total general Kg/Lb	Promedio ganancia peso/día
Enero		
Febrero		
Marzo		
Abril		
Mayo		
Junio		
Julio		
Agosto		
Septiembre		
Octubre		
Noviembre		
Diciembre		
Totales		

Resumen anual de producción de carne
por unidad de superficie

Extensión o superficie Ha/Acres	Producción de carne Kg/Lb	Promedio producción superficie

Notas

_____

_____

_____

_____

_____

_____

_____

_____

_____

_____

_____

_____

_____

_____

_____

_____

_____

_____

Notas

Made in the USA
Columbia, SC
16 July 2022

63560980R00237